HADROSAURUS

UN NUEVO GENERO Y ESPECIE DE HADROSAURIDAE (DINOSAURIA, ORNITHOPODA) DE LA FORMACIÓN CAMPANIAN-MAASTRICCHIAN TARDÍA, PATAGONIA ARGENTINA

Corsolini Julián
Corsolini Rodolfo

OSTEOLOGÍA CRANEANA Y UBICACIÓN SISTEMÁTICA DE UN NUEVO EJEMPLAR DE HADROSAURIDAE (DINOSAURIA, ORNITHOPODA) DEL CRETÁCICO SUPERIOR DE LA PROV. DE RÍO NEGRO, ARGENTINA.

HADROSAURUS

A NEW GENDER AND SPECIES OF HADROSAURIDAE (DINOSAURIA, ORNITHOPODA) FROM THE LATE CAMPANIAN-MAASTRICCHIAN FORMATION, ARGENTINA

DERECHOS RESERVADOS © 2023. Mar del Plata. Provincia de Buenos Aires. Argentina. PRIMERA EDICION

Prohibida la reproducción total o parcial de esta obra, por cualquier medio, sin la autorización escrita de los autores, excepto en casos donde se realice con una cita en artículos, revistas u otros libros.

Con profundo amor y agradecimiento a nuestras queridas y amadas compañeras de vida, Mercedes y Nora quien nos han tenido paciencia en los tiempos de estudio y dedicación en este trabajo.

A nuestro querido amigo e inolvidable coordinador de viajes, Arquitecto José Berasain, quien falleció el Domingo de Pascua del año 2011.

A los Sres. Prof. Alex Rosato, Marcelo y Esteban Pogani, Javier Aragón y el Dr. Arturo Aragón por su apoyo logístico y contribución.

A nuestros queridos amigos fallecidos Dr. Rosendo Pascual, por habernos insertado en el mundo de la Paleontología y al Dr. Felipe Valverde por su gran aporte en el conocimiento en la evolución.

HADROSAURUS

UN NUEVO GENERO Y ESPECIE DE HADROSAURIDAE (DINOSAURIA, ORNITHOPODA) DE LA FORMACIÓN CAMPANIAN-MAASTRICCHIAN TARDÍA, PATAGONIA ARGENTINA

JULIAN. A. CORSOLINI

RODOLFO. P. CORSOLINI

OSTEOLOGÍA CRANEANA Y UBICACIÓN SISTEMÁTICA DE UN NUEVO EJEMPLAR DE HADROSAURIDAE (DINOSAURIA, ORNITHOPODA) DEL CRETÁCICO SUPERIOR DE LA PROV. DE RÍO NEGRO, ARGENTINA

PREFASIO

El estudio osteológico del cráneo de un nuevo ejemplar de Hadrosauridae (Dinosauria, Ornithopoda) procedente del Cerro Mesa, en la localidad de Bajo de los Menucos, Provincia de Río Negro, Cretácico Superior, y se lo compara con otros hadrosáuridos ya estudiados, con miras a dilucidar su posible ubicación dentro de la familia. Estos estudios dieron a conocer una nueva especie denominada *Corsolinisaurus rionegrensis* gen. et sp. nov. Preservó el cráneo casi completo, pero desarticulado, lo cual es inusual en lo que respecta al registro de hadrosáuridos de Argentina. La comparación entre *Corsolinisaurus rionegrensis* y las dos especies de hadrosáuridos sudamericanos *Secernosaurus koernirii* y *Willinakaqe salitralensis,* demuestra diferencias craneales notables encuadrándolo no sólo en un género y especie nueva, sino también se pudo encuadrar dentro de un nuevo clado con lo que respecta a registros Sudamericanos.

ACERCA DE LOS AUTORES

Prof. Rodolfo Corsolini

Nacido el 30 de enero de 1953 en la ciudad de Mar del Plata, sus estudios lo han llevado a ser Técnico Maestro en Obras, Constructor sanitario e Industrial, con estudios universitarios de Arquitectura interrumpidos, profesor de Cálculos de Estructura, Naturalista.
Casado con Nora, dos hijos Melania y Julián. Fundador del Museo "Dr. Rosendo Pascual", en el año 1995, descubridor de nueva fauna marina del Río Foyel en la Provincia de Río Negro, Patagonia Argentina, con varios géneros y especies nuevas y descubridor de la flor compuesta más antigua del mundo con unos 47,5 millones de años *Raigunayen cura*. Recorrio Patagonia durante 30 años, acompaño y ayudo a Geólogos y Paleontólogos en trabajos de campo.

Lic. Julián Corsolini.

Nacido el 24 de junio de 1980 en la ciudad de Mar del Plata. Estudió en la Universidad Nacional del Comahue, de Neuquén. Argentina. Se graduó con honores en su tesis, obteniendo el título de Licenciado en Ciencias Biológicas. Prof. de Química. Su esposa Mercedes con quien comparte su vida desde más de 16 años y su hijita Fiorella de apenas unos meses de vida. Fue Presidente de la Fundación Museo del Lago Gutiérrez, descubridor del Ammonite, molusco cephalopodo más grande de Sudamérica y segundo en el mundo.

Contenido

Prefacio

1   Presentación

1.1   Ubicación geográfica de la región y del hallazgo

1.2   Contexto geológico

1.3   Marco estratigráfico y paleo ambiental

1.4   Descripción del perfil geológico

2   Los dinosaurios hadrosáuridos

2.1   Generalidades

2.2   Sistemática y diagnosis de Hadrosauridae

2.3   Conocimiento actual de los hadrosáuridos de América del Sur

3   Acerca de *Corsolinisaurus rionegrensis*

3.1 Hallazgo del ejemplar

3.2 Extracción de los restos

3.3 Preparación de los restos

3.4 Identificación de las piezas y elementos óseos

3.5 Dibujos y fotografías de las piezas y elementos óseos del cráneo

3.6 Reconstrucción de los huesos y elementos óseos del cráneo

4 Descripción del cráneo

5 Comparación con otros Hadrosauridos

6 Fotografías craneales de *C. rionegrensis*

7 Fotografías poscraneales de *C. rionegrensis*

8 Bibliografía

1.- Presentación

1.1.- Ubicación geográfica de la región del hallazgo

Los restos estudiados, fueron hallados en el Cerro Mesa la Provincia de Río Negro, ubicado dentro de los límites de la Hoja Geológica 3966-III Villa Regina. Dicha Hoja cubre el sector noroccidental del Macizo Nordpatagónico y el extremo oriental de la Cuenca Neuquina. Se extiende entre los paralelos 39° y 40° de latitud Sur y los meridianos 66° y 67° 30' de longitud Oeste, abarcando parte de la región septentrional de la provincia, con una superficie de 14.325 kilómetros cuadrados (Fig.1).

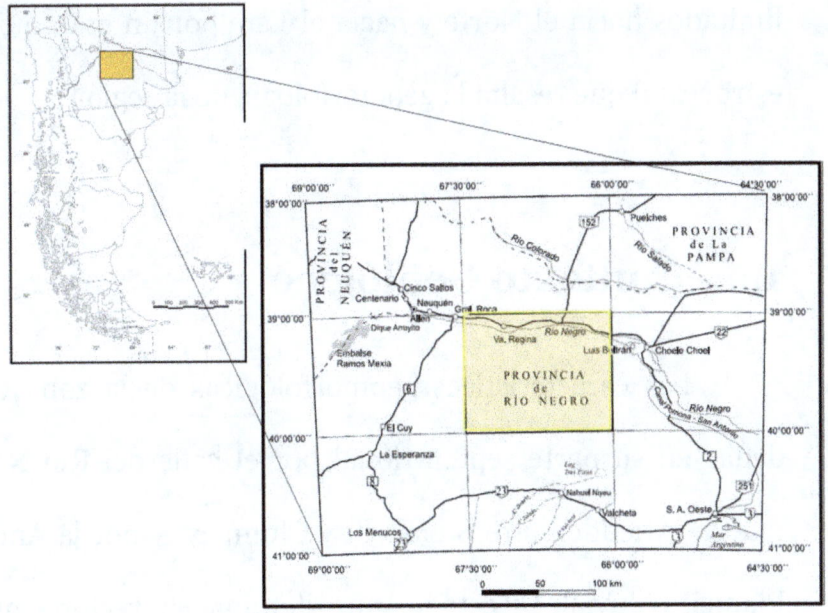

Fig. 1. Mapa de la región septentrional de la Provincia de Río Negro. A la izquierda Patagonia, a la derecha ampliado la región del Cerro Mesa.

El Cerro Mesa se encuentra en el sector sur occidental de la hoja geológica 3966-III Villa Regina, y está comprendido entre los 39° 45' y los 39° 47´ 42" de latitud Sur y entre los 67° 16´ y los 67° 19´ de latitud Oeste, hallándose rodeado en sus inmediaciones por los bajos de Los Menucos, Ojo de Agua, Trapalcó y Santa Rosa, que a su vez están limitados hacia el Norte y hacia el Este por un gran quiebre estructural que resalta la geomorfología de la región.

1.2.- Contexto Geológico

Las características geomorfológicas de la zona están dadas en su parte septentrional por el valle del Río Negro, que se extiende entre Stefenelli y Chimpay, y por la Antigua Planicie Aluvial Disectada, que domina su sector central. Hacia el Sur se reconocen una serie de bajos alineados en sentido Noroeste-Sudeste, conocidos como Ojo de Agua, Los Menucos, Trapalcó y Santa Rosa, los que en sus inmediaciones muestran sin duda los afloramientos más interesantes de la región considerada (Fig.2).

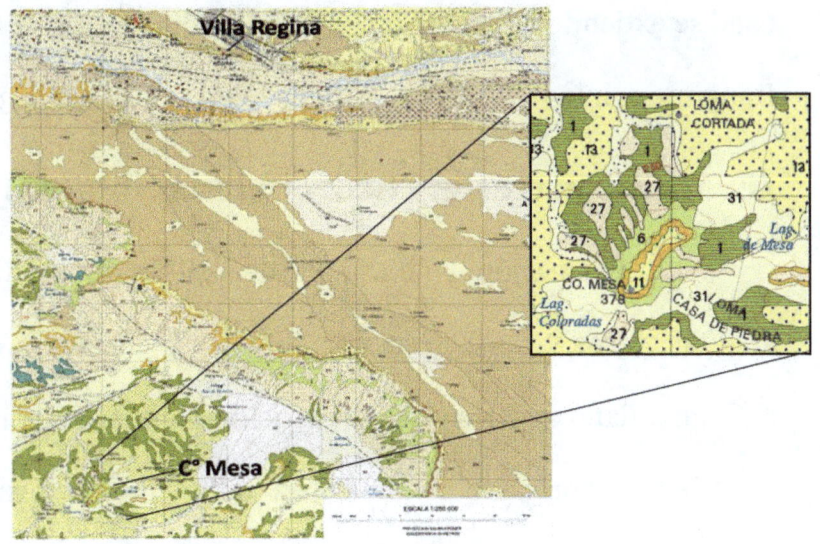

Fig. 2. Mapa geológico de la Región septentrional de la Provincia de Río Negro, tomado de Hugo y Leanza, 2001, con ubicación del Cerro Mesa y de los bajos Ojo de Agua, Los Menucos y Trapalcó.

Dentro de la región mencionada, el ciclo sedimentario más antiguo corresponde al tramo superior del Grupo Neuquén, y a continuación y en discordancia erosiva determinada por la fase Huantráiquica, (Hugo y Leanza, 2001) se depositó el Grupo Malargüe de naturaleza continental y marina, cuya edad se extiende desde el Campaniano tardío hasta el Daniano, con las formaciones Allen, Jagüel y Roca (Fig.3).

1.3 Marco estratigráfico y paleoambiental

La Formación Allen, con depósitos de areniscas, arcilitas, yesos y calizas estromatolíticas, se encuentra entre el Campaniano superior y el Maastrichtiano inferior, con una antigüedad aproximada de 74±3 M.a. Según estudios establecidos, esta formación podría homologarse con la Formación Alamitos (Franchi y Sepúlveda en Hugo y Leanza, 2001) (Fig.3). La Formación Allen posee una amplia distribución en el área abarcada por la Hoja Geológica de Villa Regina, estando mayormente expuesta en la pendiente que se desarrolla a partir de la escarpa austral de la Antigua Planicie Aluvial disectada en dirección a los grandes bajos. Así, se la reconoce aflorando tanto al Norte como al Este del salitral Ojo de Agua, al Nordeste del Bajo de Los Menucos y al Este de las Salinas de Trapalcó. Un aspecto digno de remarcarse en la litología, lo constituye la presencia de bentonitas. Esta Formación presenta características algo diferentes, reconociéndose dos miembros: el inferior, compuesto por areniscas y limonitas verdosas blanquecinas, donde se puede hallar abundante madera fósil silicificada, y el superior, conformado por un incremento de pelitas verdes, donde se encuentran restos fósiles dulceacuícolas (gasterópodos y pelecípodos), huesos de tortugas y cáscaras de huevos de dinosaurios (Hugo y Leanza, 2001).En este miembro y dentro de la hoja mencionada, se hallan microfósiles que incluyen asociaciones de ostrácodos de baja diversidad (Náñez, 1999, en Hugo y Leanza, 2001).

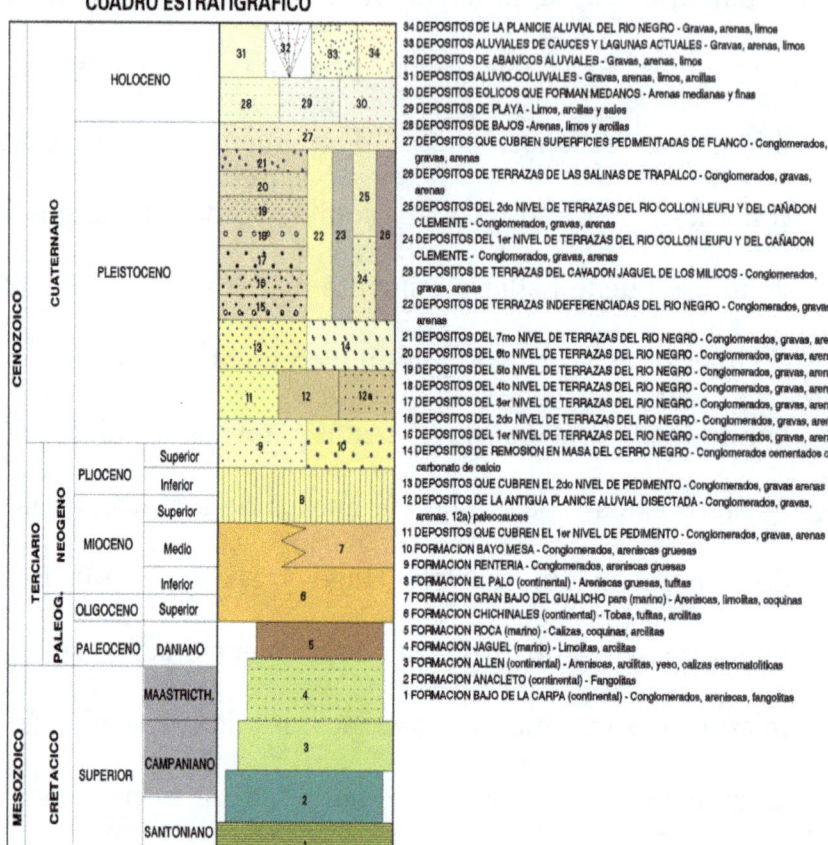

Fig. 3. Cuadro estratigráfico de la Hoja Geológica 3966-III Villa Regina. Tomado de Hugo y Leanza, 2001.

Cabe mencionar que, en la Formación Allen, Wichmann (1927) reconoció restos de gasterópodos y pelecípodos de agua dulce, que en su mayoría fueron hallados en las inmediaciones de los bajos de Los Menucos y Santa Rosa. Entre los gasterópodos se mencionó a *Physa* y *Melania ameghinoi* Doello Jurado, mientras que entre los pelecípodos se mencionó a *Diplodon bodenbenderi* Doello Jurado. Entre los vertebrados se hallaron vértebras y dientes de peces pulmonados del género *Ceratodus*, así como placas y huesos de tortugas, y dientes de cocodrilos. Por otro lado, Powell (1986) menciona, para la parte inferior de la Formación Allen en el Salitral Moreno, una importante asociación de vertebrados integrada por Titanosauridae indet., Theropoda indet., Aves, Chelonia indet., como así también Gasteropoda indet., y restos de plantas (troncos y frutos). También examinó restos de un dinosaurio ornitisquio, identificado como un Lambeosaurinae? indet. (Powell, 1987). Por su parte, Salgado y Coria (1993) describieron, también procedentes de la misma localidad y unidad formacional, restos de un dinosaurio titanosáurido perteneciente al género *Aeolosaurus*. Bonaparte (en Andreis *et al.*, 1991:202) mencionó la presencia de restos de peces, ofidios, tortugas, titanosáuridos, saurópodos, hadrosáuridos y aves, en los perfiles de la unidad ubicados en la región del bajo de Santa Rosa. Los restos vegetales son también abundantes, destacándose la presencia de bosques petrificados al Nordeste del bajo de Los Menucos y en la región del bajo de Santa Rosa (Hugo y Leanza, 2001). En el faldeo sur del Cerro Mesa, Náñez (1999, en Hugo y Leanza, 2001) estudió y reconoció asociaciones de ostrácodos lisos o con suave ornamentación, sugiriendo cuerpos de aguas dulces o salobres.

El ambiente de la Formación Allen, en la Hoja Geológica de Villa Regina, es continental de tipo fluvial

(Hugo y Leanza, 2001). Según Andreis (1998), el análisis de las paleocorrientes para esta formación en la región comprendida entre los bajos de Santa Rosa y Trapalcó, indica que la mayoría de las estructuras direccionales del sistema fluvial entrelazado fluían al Oeste alimentando un sistema deltaico cuyo eje se orientaba hacia el Sudoeste (Cerro Mesa). Además, aparecen planicies de inundación arenosas en las que se sitúan huesos y nidos con huevos de dinosaurios, y escasos termiteros. Por la presencia de bentonitas se puede inferir que los ríos entraban o se dirigían a lagos someros. Las asociaciones vegetales fósiles de palmeras, coníferas y cicadales halladas en la unidad sugieren, según Del Fueyo (1998), condiciones de clima templado y cálido, sin grandes diferencias estacionales, como lo demuestran anillos de crecimiento poco marcados. A pesar de que otros autores (Barrio, 1990, Ardolino y Franchi, 1996, en Hugo y Leanza, 2001) han señalado niveles de influencia marina en la

Formación Allen en lugares como sierra de Huantraico y lago Pellegrini, en los límites de la Hoja Geológica nombrada anteriormente, se ha registrado un ambiente marino solamente en el Salitral Ojo de Agua. Con la Formación Allen se inicia el ciclo sedimentario precursor de la penetración del mar Maastrichtiano–Eoterciario en las provincias del Neuquén y Río Negro (Hugo y Leanza, 2001).

Descripción del perfil geológico

La estratigrafía del perfil geológico del C° Mesa, se levantó con la ayuda de la estudiante de Geología Srta. Gabriela Cohelo (Universidad Nacional de la Plata) y con la supervisión del Mariano Arcuri (Universidad Nacional del Sur, Bahía Blanca). Los resultados del estudio estratigráfico fueron revisados posteriormente por el Dr. Silvio Casadío (Universidad Nacional de Río Negro).

El perfil levantado presenta una orientación NO-SE ubicándose al borde del llamado Cañadón Pogani*, en el extremo Noroeste del cerro y hallándose comprendido entre los puntos de coordenadas S 39° 46 053 – O 67° 16 656, y S 39° 46 003 – O 67° 16 670, presentando una altitud que oscila entre los 336-354 metros y una longitud horizontal recorrida de 110 metros (Figs.4 y 5).

Unidad 1: Areniscas rosadas de grano medio, con estratificación entrecruzada y en artesa características de ese nivel. Sin base expuesta.

Unidad 2: Arcillitas finamente laminadas, de color gris-verdosas. En este nivel se encuentran restos fósiles de vertebrados (dinosaurios) en buen estado de conservación. El espesor aproximado de esta unidad pelítica es de unos 4 metros. El contacto de éste con la unidad infrayecente es neto y concordante.

Unidad 3: Nivel limo-arenoso de color amarillo ocre. Los sectores más arenosos se presentan con capas más resistentes, mientras que las granulometrías más finas y de mayor desarrollo en espesor, carecen de estructura visible y son friables hacia la parte superior de este nivel, donde se observa la presencia de concreciones calcáreas. El espesor aproximado medido en el perfil es de 7 metros y el contacto con las arcillitas infrayentes no es visible, dado que se encuentra cubierto por sedimentos limo-arenosos provenientes de niveles superiores.

Unidad 4: Este intervalo se compone por bancos arenosos de grano medio a grueso, con coloraciones grisáceas a gris clara y blanquecina. En el perfil levantado, las bases en estas unidades se presentan en contacto neto con los limos inferiores, y los primeros 50 centímetros se exhiben como un pequeño nivel más resistente, de coloración gris oscura con una geometría lenticular. Continuando la traza del perfil, la sección presenta areniscas que caracterizan la secuencia descripta para esta unidad. En esta unidad se hallaron cáscaras de huevos de vertebrados (dinosaurios) y huesos de tortugas. El espesor aproximado de la unidad en el perfil levantado es de 6 metros. La sucesión culmina con niveles rojizos de areniscas más resistentes y marcada estratificación entrecruzada. El contacto entre ambos niveles de areniscas es en aparente discontinuidad.

* *El Cañadón Pogani fue nombrado de esta manera en reconocimiento a la contribución en el campo y el apoyo logístico de los Sres. Marcelo Pogani y Esteban Pogani.*

Perfil geológico Cerro Mesa

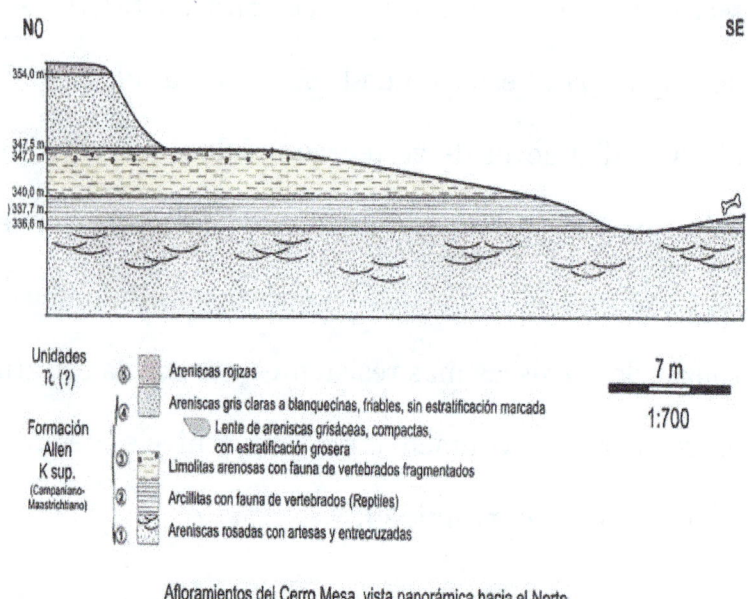

Afloramientos del Cerro Mesa, vista panorámica hacia el Norte

Fig. 4. Estratigrafía de perfil geológico C° Mesa 1

2.- Los dinosaurios hadrosáuridos

2.1.- Generalidades

Los hadrosáuridos son un exitoso grupo de dinosaurios herbívoros, cuyo registro se limita a la segunda mitad del Cretácico, comenzando en el Cenomaniano y alcanzando su acmé en el Campaniano-Maastrichtiano (Case *et al.*, 2000).

Son dinosaurios ornitisquios, es decir, con cadera trirradiada. La distribución geográfica de los ornitisquios abarca todos los continentes, incluso cerca del Círculo Polar Ártico y en la Antártida (Case *et al.*, 2000). Los ornitisquios, todos herbívoros, incluyen formas bípedas (*Lesothosaurus*, Ornithopoda y Pachycephalosauria) y formas cuadrúpedas (Thyreophora y Ceratopsia). Entre estos taxones, los ornitópodos son quizás el grupo más cosmopolita, que incluye a los hadrosáuridos, comúnmente llamados "dinosaurios pico de pato" (Horner *et al.*, 2004).

Los hadrosáuridos, cuyo nombre significa "lagartos pesados", son dinosaurios de tamaño mediano. Varios de ellos miden aproximadamente 8 metros de longitud y algunos llegan a tener hasta 15 metros (Mc Gowan 1993). Su registro es muy rico y taxonómicamente diverso, muy bien preservado en unidades geológicas del Cretácico Superior de Laurasia, especialmente de América del Norte (Horner *et al.*, 2004). Representan el último gran grupo de ornitópodos que evolucionó en la era Mesozoica.

Son conocidos desde hace más de un siglo. Dado su abundante registro norteamericano, frecuentemente representado por esqueletos completos o casi completos, resultan ser un linaje de una importancia particular. Los hallazgos de huevos y juveniles con distintos tipos de estadios ontogenéticos, impresiones de tegumento, contenidos estomacales, coprolitos y huellas, permiten una amplia investigación sobre su anatomía, filogenia, paleohistología, fisiología, metabolismo, ontogenia, etc. (Horner *et al.*, 2004).

2.2.- Sistemática y diagnosis de Hadrosauridae

Sistemática paleontológica

METAZOA Haeckel 1874
 EUMETAZOA Butchili 1910
  TRIPOBLASTICA Lankester 1877
   DEUTEROSTOMIA Grobben 1908
    CHORDATA Balfour 1880
     VERTEBRATA Lamarck 1801
      GNATHOSTOMATA Gegenbauer 1874
       TETRAPODA Goodrich 1930
        REPTILIOMORPHA Säve-Söderbergh 1934
         AMNIOTA Haeckel 1866
          SAUROPSIDA Huxley 1864
           DIAPSIDA Osborn 1903
            ARCHOSAUROMORPHA Huene 1946
             ARCHOSAURIA Cope 1870
              DINOSAURIA Owen 1842
               ORNITHISCHIA Seeley 1887 (Fig.6)
                GENASAURIA Sereno 1986
                 CERAPODA Sereno 1986
                  ORNITHOPODA Marsh 1881 (Fig.7)
                   ANKYLOPOLLEXIA Sereno 1986
                    HADROSAUROIDEA Sereno 1986
                     HADROSAURIDAE Cope 1869
                      Corsolinisaurus rionegrensis Corsolini 2023

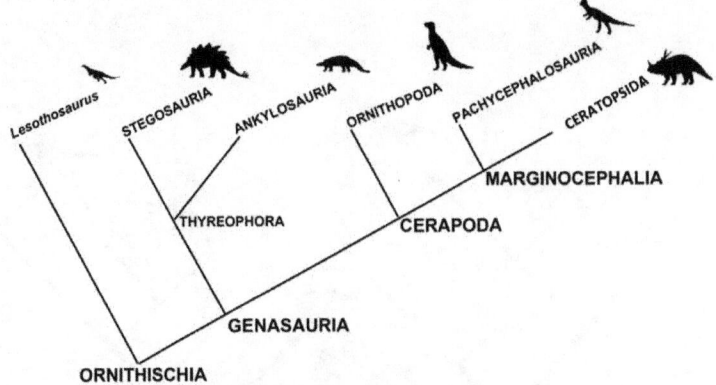

Fig. 6. Cladograma general de las relaciones filogenéticas de los principales dinosaurios ornitisquios (modificado de Coria, 2009).

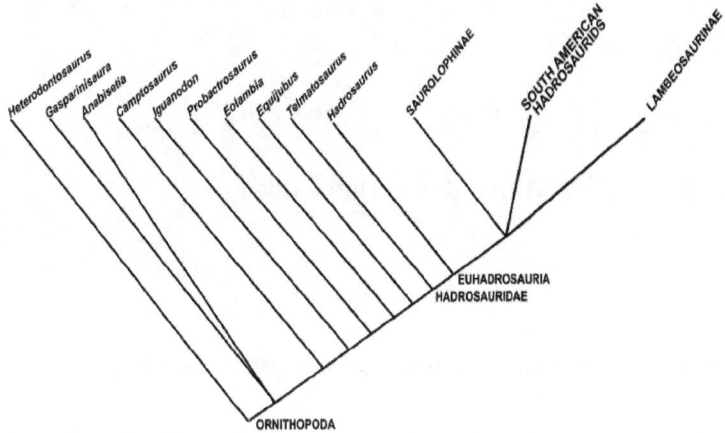

Fig. 7. Cladograma de los Ornithopoda (Coria, 2012). Combinación consensuada de los cladogramas de Prieto-Márquez y Salinas (2010) y de Coria (2010).

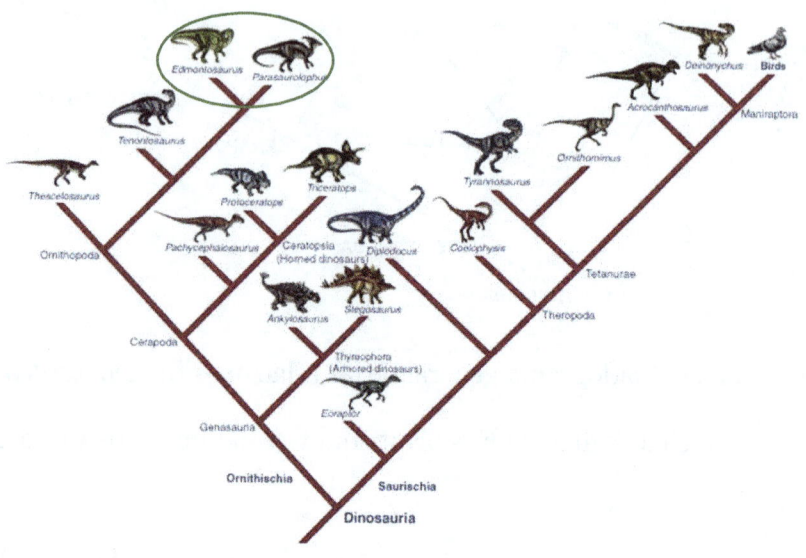

Fig. 7b. Cladograma de los Dinosauria.

Al comienzo de las investigaciones sobre hadrosáuridos, la diagnosis sólo se atribuía a la batería dentaria (Cope, 1869a), y se consideró a este grupo como una familia dividida en dos subfamilias Hadrosaurinae (Cope, 1869a) y Lambeosaurinae (Parks, 1923). La primera subfamilia se caracteriza por la ausencia de cresta o estructura nasal destacada, de ahí su nombre que significa "cabeza chata". La otra subfamilia es la de los "hadrosáuridos crestados" que, como su nombre lo indica, poseen una cresta, en algunos casos hipertrofiada como en *Parasaurolophus* (Parks, 1922).

La monofilia de los Hadrosauridae está sustentada en varios caracteres derivados que incluyen: la batería dentaria, la pérdida del carpo I y dígito I, y el incremento del número de vértebras sacras (Horner *et al.*, 2004).

Los Hadrosauridae se diagnostican por las siguientes características (Horner *et al.*, 2004) Fig. 8-1:

1) Tres o más reemplazos dentales por cada generación dental.

2) Extensión distal de la hilera dental del dentario posterior al ápice del proceso coronoideo.

3) Extremo distal del dentario extendido muy posteriormente respecto al proceso coronoideo.

4) Foramen surangular ausente.

5) Ausencia de contacto entre ectopterigoides y yugal.

6) Supraorbital ausente o no fusionado al margen orbital.

7) Postzigapófisis cervicales largas, arqueadas dorsalmente, y extendidas por encima del nivel del canal neural.

8) Coracoides con proceso cráneoventral largo extendido por encima de la cavidad glenoidea.

9) Escápula con extremo proximal dorsoventralmente angosto, con proceso acromial proyectado horizontalmente.

10) Escápula con área de articulación para el coracoides, reducida.

11) Fémur con surco intercondilar anterior profundo, con bordes contactados cranealmente para encerrar total o parcialmente el surco extensor.

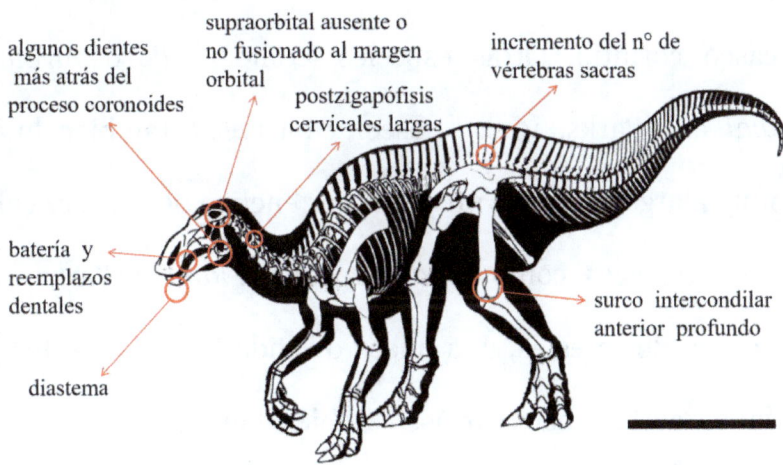

Fig. 8.1 Características taxonómicas de los Harosauridae.

Los esqueletos de los hadrosáuridos presentan algunas diferencias anatómicas entre ellos. La mayor parte de los caracteres que se utilizan para distinguir a las distintas especies, están relacionados con sus cráneos, ya que la mayoría de los estudios sistemáticos se han centrado en el reconocimiento de sinapomorfías craneanas. Algunas especies, como *Corytosaurus casuarius* (Brown, 1914), poseen una cresta hueca muy elaborada que se parece a un casco corintio. Otras especies, como el *Parasaurolophus walkeri* (Parks, 1922), poseen una cresta también hueca y muy alargada que se proyecta por encima de las cervicales. Y otras especies, como el *Lambeosaurus lambei* (Parks, 1923), poseen dos crestas, una hueca dirigida hacia adelante y otra sólida corta y hacia atrás. También hay especies sin crestas como el *Edmontosaurus reagalis* (Lambe, 1917) y los *Kritosaurus* (Brown, 1910).

La mayoría de los hadrosáuridos que están expuestos en los museos de todo el mundo, provienen de finales del siglo XIX y principios del XX. Desde entonces se han realizado grandes avances en este tema, unos de ellos sobre la postura de los hadrosáuridos. Por ejemplo, en la "galería de los dinosaurios" del Museo Real de Ontario, hay un esqueleto de *Corythosaurus* (Brown, 1914e), montado en la década de los '20 con una postura erguida, ya que en esa época muchos paleontólogos creían que estos animales tenían esa postura (Fig.8), y otros autores, por la posición en la que se habían encontrado los fósiles, pensaban que caminaban en cuatro patas con la cola dirigida hacia abajo. Pero un examen más minucioso del esqueleto, reveló que la cabeza del fémur se articulaba entre el pubis y el ilion, que es un punto bastante débil, y es poco probable que el cuerpo se haya mantenido totalmente erguido. Sin embargo, sobre ello debemos mantener mucha cautela, ya que los esqueletos montados no siempre nos permiten inferir conclusiones totalmente correctas (McGowan, 1993).

Fig. 8. Postura erecta de un hadrosáuridos la cual se pensaba era la correcta. Tomado de Brown, 1908. Sin escala.

Los miembros posteriores son considerablemente más largos y robustos que los anteriores, y a partir de esto es razonable pensar que los miembros traseros llevaban la mayor parte del peso del cuerpo, o sea que los hadrosáuridos eran funcionalmente bípedos. Sin embargo, Peter Galton, en

1970, dio un argumento convincente de que la columna vertebral de los hadrosáuridos tenía una posición horizontal y que su cola era rígida y bastante recta y no curvada hacia abajo, la que servía para equilibrar el peso de la parte anterior del cuerpo, ya que el pivote estaba formado entre la cabeza del fémur y la cavidad acetabular (Fig.9). Aunque los hadrosáuridos marchaban en cuatro patas, se cree que algunas veces utilizaban sólo las traseras para correr.

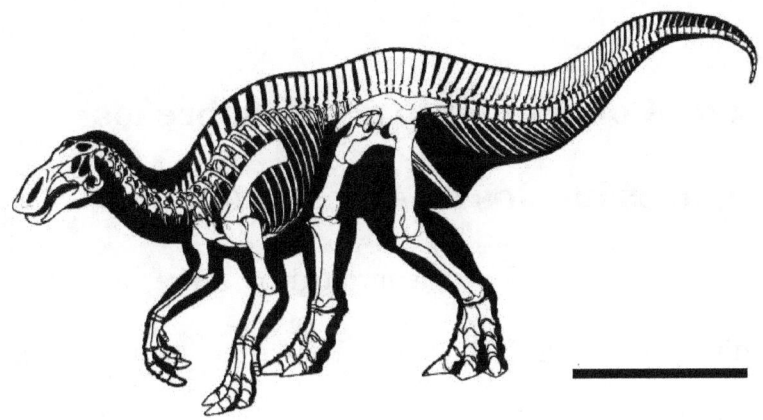

Fig. 9. Esqueleto de hadrosaurio con postura cuadrúpeda, según la visión moderna. Escala 1 m. Tomado de Juarez Valieri *et al.*, 2010.

La columna vertebral de los hadrosáuridos lleva a suponer que estaba arqueada, aunque no se puede saber con certeza. Sin embargo, en la región pélvica de la cola y en la mitad anterior de la misma, se observa que se cruzan numerosos tendones osificados, lo que revela que la cola debe haber sido relativamente recta. Además, las espinas neurales caudales y arcos hemales de los hadrosáuridos son relativamente largos.

2.3.- Conocimiento actual sobre los hadrosáuridos de América del Sur

Los estudios paleontológicos sobre la diversidad de dinosaurios del Cretácico de Patagonia, incluyen al grupo de los Hadrosauridae, con un conspicuo registro fósil en sedimentitas depositadas durante la parte final de dicho período geológico. Estos dinosaurios ornitisquios, con una amplísima distribución en el Hemisferio Norte, presentan un reducido registro gondwánico (Horner *et al.*, 2004; Weishampel, 2004; Coria, 2012). El registro sudamericano, exclusivamente patagónico, especialmente en afloramientos de la Formación Allen (y equivalentes) de las provincias de Río Negro y La Pampa, incluye hasta el momento tres taxones reconocidos: *Secernosaurus koerneri* (Brett-Surman, 1979), *Willinakaqe salitralensis* (Juarez Valieri *et al.*, 2010) y *Lapampasaurus cholinoi* (Coria, 2012).

El registro de la familia Hadrosauridae en América del Sur ha sido considerado de especial interés paleogeográfico y paleoecológico por varios autores, ya que es interpretado como la evidencia de un fenómeno de dispersión biogeográfica de formas de América del Norte hacia América del Sur a fines del Cretácico (Casamiquela, 1964; Prieto-Márquez y Salinas, 2010; Coria, 2012).

Los ornitisquios fueron el principal grupo de dinosaurios herbívoros del Hemisferio Norte hacia fines del Cretácico, por lo que el rol de los herbívoros quedó distribuido para los ornitisquios entre ceratopsios, anquilosaurios y hadrosáuridos, todos ellos de América del Norte, Asia y Europa. Pero la presencia de hadrosáuridos en Los Alamitos, bajos de Santa Rosa, Salitral Moreno, y otros lugares en la Patagonia Argentina, ha revelado un corredor de llegada de linajes alóctonos. El ingreso de hadrosáuridos desde el norte podría haber ocurrido gracias a un puente entre continentes hace unos 70 Ma. Estos restos fósiles han generado distintas hipótesis sobre la evolución, distribución geográfica y relaciones inter e intraespecíficas de asociaciones de estos dinosaurios (Coria, 2009; Prieto-Márquez y Salinas, 2010).

La similitud entre las especies de Hadrosáuridos del norte y del sur de América es grande, lo que sugiere una colonización muy rápida que no llegó a generar grandes cambios adaptativos relacionados con los nuevos ambientes. Es posible que hayan seguido la línea de costa de la ingresión del Mar de Pacha y del Mar de Kawas, que en esa época inundaban América del Sur (Fig.10). Además, existen evidencias de huellas de hadrosáuridos y otros ornitisquios en sedimentos a orillas de lagos, correspondientes al Cretácico en Bolivia y Chile (Apesteguía y Ares, 2010).

El número de ejemplares conocidos de hadrosáuridos sudamericanos es escaso, y los mismos están insuficientemente preservados, por lo que el conocimiento anatómico sobre estas formas es incompleto. Por lo tanto, el hallazgo de ejemplares completos o casi completos constituye una oportunidad excepcional para obtener información osteológica relevante.

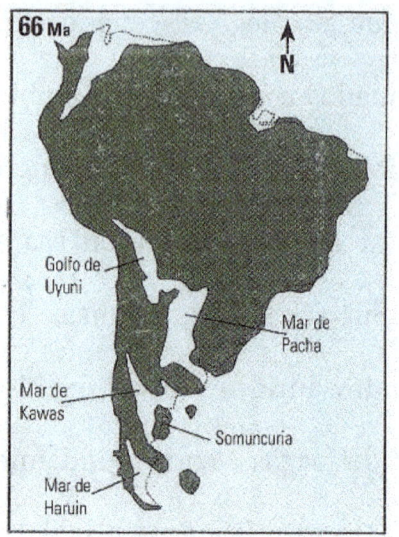 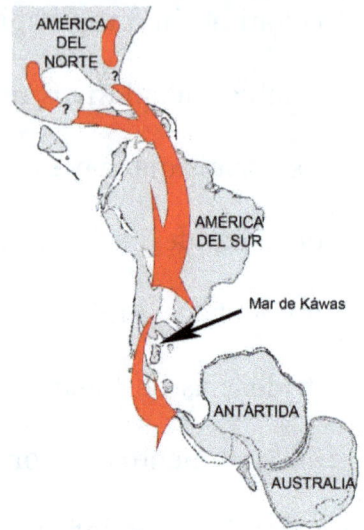

Fig. 10. Mapa de Sudamérica de 66 M.a. Cretácico Superior, Maastrichtiano. Tomado de Apesteguía y Ares 2010.

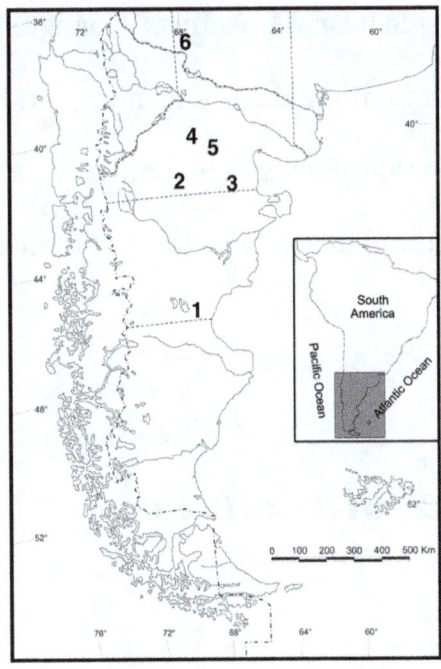

1. Lago Cohue Huapi
2. Ingeniero Jacobacci
3. Los Alamitos
4. Salitral Moreno
5. Bajo de Santa Rosa
6. Islas Malvinas (La Pampa)
7. Cerro Mesa

Fig. 10 a Mapa de localidades de la Patagonia Argentina con registros de Hadrosauridos

El registro de hadrosáuridos en la República Argentina es sólo del Cretácico Superior, en la provincia de Río Negro (Casamiquela, 1974, 1978; Bonaparte *et al.*, 1984; Powell, 1987), en Chubut (Brett-Surman, 1979; Apesteguía y Ares, 2010) y en La Pampa (Coria *et al.*, 2012), aparte de un diente procedente de la Antártida (Case *et al*, 2000). Es significativo el hallazgo del hadrosáurido *Corsolinisaurus rionegrensis*, motivo del presente trabajo final de licenciatura, en una nueva localidad de América del Sur, ya que consiste en uno de los ejemplares más completos conocidos para nuestro país.

3.- Acerca de *Corolinisaurus rionegrensis*

3.1.- Hallazgo del ejemplar

En marzo del año 2000 el equipo del Museo del Lago Gutiérrez compuesto por Rodolfo Corsolini, Julián Corsolini, Fabián Pulliafito, José Berasain, Nicolás Bondel y y algunos amigos como Dr. en Paleontología Alan Beeby de la Ciudad de Edmonton, Canadá, Ernet Eder y la Dra. Ciencias Biológicas Tamara Eder, realizó una campaña paleontológica a los Bajos de los Menucos. Este trabajo de campaña tuvo una duración de aproximadamente 20 días, donde se recorrió un sector bastante importante en las cercanías del C° Mesa (Fig.1). En septiembre del mismo año también participaron Dra. Merixell Valls, Prof. Marcelo Pogani, Dr. Arturo Aragón y Javier Aragón, Dr. Felipe Valverde, Prof. Albaro Errandorena, Master Alex Rosato, Prof. Ricardo Lingua, Tec. Rafael Isgut y el Dr. Marcelo Boer

Figs. 1. 2000, alrededores del Cº Mesa, en donde se realizó la recorrida hacia el mismo; de derecha a izquierda: Julián Corsolini, José Berasain y Rafael Isgut.

3.2.- Extracción de los restos fósiles de *Corsolinisaurus rionegrensis*

Las tareas de extracción del ejemplar *Corsolinisaurus rionegrensis* se efectuaron en los meses de marzo-abril y septiembre-octubre de los años 2000, con un total de aproximadamente 50 días de campaña.

Los restos se encontraron expuestos, y antes de proceder a la extracción, se observó el grado de humedad del terreno y el tipo de sedimento circundante, el cual se hallaba compuesto por bentonita. También se detectó el grado de preservación, dureza y fragilidad en que se encontraba el material fósil. En base a los primeros huesos hallados en superficie, se estimó la posición y profundidad de los posibles elementos aun cubiertos por la matriz sedimentaria. De esta manera, se pudo extraer cada uno de los huesos sin daño alguno.

Con esta planificación se pudo delimitar la zona de extracción. Los restos óseos del hadrosáurido estaban en una superficie de aproximadamente 30 metros cuadrados a flor de suelo sin realizar ningún tipo de excavación.

Para la extracción se utilizaron distintas herramientas y materiales: picos, palas, piquetas, rastrillos, martillos, cinceles de distintos tipos, cepillos, escobas, pinceles, papel film, arpilleras, maderas y carretillas. Otros instrumentos utilizados fueron una regla de un metro, bolsas, lápiz negro, GPS, cámaras fotográficas y filmadora.

Luego de la planificación, se procedió a realizar el trabajo grueso, que consistió en retirar los sedimentos sobrantes que estaba sobre el esqueleto. Una vez quitado el sedimento con las herramientas precisas, se retiraron restos óseos del sedimento grueso (Fig.12). Luego se utilizaron herramientas más finas, como piquetas, martillos pequeños, cinceles de distintos tipos, pinceles y escobas, para tener un mayor cuidado de no destruir los restos. Para la remoción de sedimento suelto y polvillo se usaron cepillos, escobas y pinceles. A medida que los huesos se iban extrayendo, se anotaba su posición y se tomaban fotografías de las secuencias (Fig.13 y 14). Además, los restos se envolvieron en papel film o bolsas arpilleras y se tomó registro fotográfico y fílmico de la remoción de cada elemento.

Fig. 12. Extracción de la mayor cantidad de sedimentos año 2008. De izquierda a derecha: Julián Corsolini, Marcelo Pogani, Rodolfo Corsolini, Felipe Valverde.

Fig. 13. Extracción una espina neural de vértebra caudal.

Fig. 14. Secuencia de vértebras caudales del Hadrosáurido.

3.3.- Preparación de los restos

La preparación de los restos óseos se realizó en el laboratorio paleontológico del Museo del Lago Gutiérrez. La remoción de sedimentos adheridos a los restos óseos, se efectuó bajo la supervisión del Director del Museo del Lago Gutiérrez Prof. Rodolfo Corsolini, del Dr. Alex Rosato (Ministerio de Recursos Humanos, Migraciones del Gobierno de Perú).

Las piezas se limpiaron cuidadosamente con un torno de mano, cinceles, y pequeños martillos especiales, cepillos de alambres y rasquetas, para remover el sedimento que poseían adheridos los restos.

Al realizar la descripción anatómica del cráneo de un ejemplar inédito de dinosaurio Hadrosauridae hallado en la Patagonia Argentina, se designó un género y especia nueva habiéndolos comparado y analizado con otros hadrosáuridos descriptos

A fines del año 2000, integrantes de la Dirección del Museo del Lago Gutiérrez "Dr. Rosendo Pascual", entre los cuales se encontraban los autores de este libro, descubrieron restos craneanos y postcraneanos de un dinosaurio hadrosáurido en el Cerro Mesa de la localidad de Bajo de los Menucos, Provincia de Río Negro.

La disponibilidad de gran parte del cráneo es novedosa en lo que respecta al registro de Argentina. Probablemente el cráneo de *Corolinisaurus rionegrensis* es el más completo que se conoce para un hadrosáurido sudamericano, por lo que el presente trabajo consistirá en un hito en el estudio en particular de esta región del esqueleto.

Restos encontrados del Corsolinisaurus rionegrensis

Los restos colectados corresponden a un único individuo adulto compuesto por las siguientes piezas: (Fig. 10.1)

1) El cráneo está preservado de manera casi completa pero desarticulada. Se dispone de: neurocráneo casi completo incluyendo el basicráneo, sector dorsal al foramen magnum, premaxilar incompleto, maxilar izquierdo, nasal, lagrimal izquierdo, yugal izquierdo, cuadradoyugal derecho, cuadrado derecho y escamosos, dentario izquierdo con batería de dientes y proceso coronoide derecho, surangular izquierdo.

2) La columna vertebral está casi completa y se dispone de las siguientes piezas: a) En el sector cervical, se cuenta con el atlas y ocho fragmentos de diferentes vértebras. b) En el sector dorsal, se cuenta con seis vértebras completas, más cuatro cuerpos vertebrales sin los arcos neurales completos, y

además dos espinas dorsales sueltas que no se corresponden con los cuatro cuerpos ya nombrados. c) La región sacra está completa, con todas sus vértebras fusionadas. d) La región caudal muestra 28 vértebras, muchas de ellas con sus arcos neurales y pleuroapófisis, además de 15 espinas hemales sueltas.

3) La cintura escapular está preservada sólo en su parte derecha, con fragmentos de la escápula, del coracoides y la placa esternal.

4) El húmero derecho se preservó en su parte proximal, donde articula en la cavidad glenoidea.

5) La cintura pélvica se preservó completa en su mitad derecha, con un excelente estado de conservación del ilion, isquion y pubis, y fragmentada en su parte izquierda.

6) Ambos fémures completos y bien conservados.

7) un astrágalo y un metatarsiano III derecho.

8) 15 costillas casi completas, 7 izquierdas y 8 derechas.

9) Varios fragmentos óseos indeterminados.

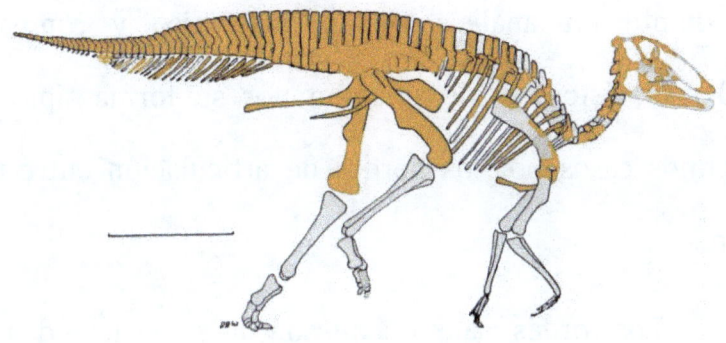

Fig. 10.1 En color ocre lo hallado de *Corsolinisaurus rionegrensis*.

3.4.- Identificación de las piezas y elementos óseos

Los huesos completos se pudieron determinar mediante un análisis visual, anatómico y comparativo. Además, éstos se identificaron por su forma típica, y en algunos casos por los bordes de articulación entre unos y otros.

Los bordes reales del hueso y las superficies de ruptura se distinguieron en base al siguiente criterio: Los primeros presentan superficies relativamente lisas e integral, y las superficies de ruptura son más rugosas, porosas, y con más detalles heterogéneos o bordes filosos.

En otros casos fue necesario utilizar una lupa de mano o una lupa binocular a fin determinar la naturaleza o pertenencia de las piezas.

3.5.- Dibujos y fotografías de las piezas y elementos óseos del cráneo

Los dibujos de restos óseos realizaron están a escala 1:1, y digitalización fotográfica de cada hueso

Fig. 15. Realización de dibujos a escala 1:1 de las diferentes partes del cráneo del hadrosárido

Fig. 16. Lugar de trabajo fotográfico, donde se observa el soporte, el trípode y la plataforma de vidrio para colocar las diferentes piezas a fotografiar.

Las fotografías se tomaron a una distancia de 43 cm, con la mayor resolución que la cámara provee. Además, la luminosidad estaba dada por una luz cenital a la cámara a una distancia de 25 cm de ésta, con lámpara de luz día de 100

Watts y dos tubos fluorescentes de 40 Watts, uno por delante de la cámara y el otro a la izquierda, tapado por una lámina blanca. Las fotografías se tomaron con una escala de 5 cm intercalada de blanco y negro por cada cm.

Las fotografías se digitalizaron a una computadora, para realizar los recortes y retoques necesarios. A cada fotografía se le dio un ajuste de niveles de brillo y contraste determinados.

3.6.- Reconstrucción de los elementos óseos del cráneo de *Corsolinisaurus rionegrensis*

Para reconstruir el cráneo fue necesario un estudio anatómico comparativo, mediante consultas bibliográficas sobre otros hadrosáuridos, las cuales se utilizaron:

Bonaparte, *et al.*, 1986; Brown, 1908; Brown, 1916; Coria, 2009; Gates y Sampson, 2007; Hai-Lu *et al*, 2003; Horner, 1983; Horner, 1992; Horner *et al.*, 2004; Juarez Valieri *et al.*, 2010; Kirkland *et al.*, 2006; Lambe, 1920; Lull y Wright, 1942; Prieto-Márquez, 2005; Prieto-Márquez y Salinas, 2010. Cada uno de los elementos óseos, fueron comparados con distintas fotografías, dibujos, y descripciones literarias de diferentes trabajos.

Se realizaron dos reconstrucciones, una en arcilla y la otra en yeso, como imagen especular a partir de dos piezas originales: proceso coronoide izquierdo (Fig.17) y cuadrado izquierdo (Fig.18), respectivamente. Dichas reconstrucciones fueron realizadas y moldeadas a mano por el artista plástico David Telmo. La reconstrucción del cuadrado izquierdo permitió determinar la posición exacta del cuadradoyugal, y la reconstrucción del proceso coronoide izquierdo, la posición y la forma del yugal.

Fig. 17. Proceso coronoide izquierdo reconstruido en arcilla a la izquierda, original a la derecha. Escala 5 cm.

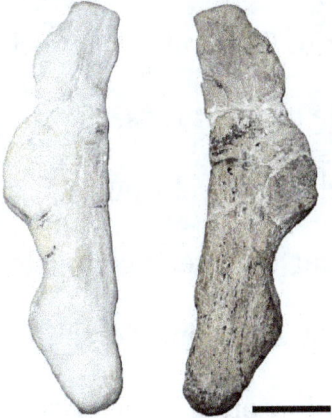

Fig. 18. Cuadrado izquierdo reconstruido en yeso a la izquierda, original del ejemplar a la derecha. Escala 5 cm.

Se realizaron dibujos de las imágenes especulares de todos los huesos y elementos óseos en los que se halló un sólo lado, mencionados anteriormente en los materiales, como el premaxilar, el maxilar izquierdo, el nasal, el lagrimal izquierdo, el yugal izquierdo, el cuadradoyugal derecho, el cuadrado derecho, el escamoso y el dentario izquierdo, todos ellos fueron calcados en papel vegetal y luego invertidos para trazando las líneas exactas en el papel. Las líneas de curvatura de los elementos óseos fueron importantes para las tareas de dibujo. Este trabajo tuvo el objetivo de realizar una superposición de elementos óseos y de huesos completos, tanto del lado derecho como el izquierdo del cráneo. Además, esto permitió realizar un diseño completo en diferentes vistas del cráneo, tanto lateral como dorsal, y así poder determinar la forma, el tamaño y otras características del cráneo.

Además, se diseñó la reconstrucción digital de las partes faltantes de los huesos más importantes, con el software nombrado anteriormente y con una tableta de dibujo digital marca Wacom 12x12 de 40x40 cm de dimensión, con un área de dibujo de 30 x 30 cm y un lápiz óptico de diferentes puntas intercambiables (Fig.19).

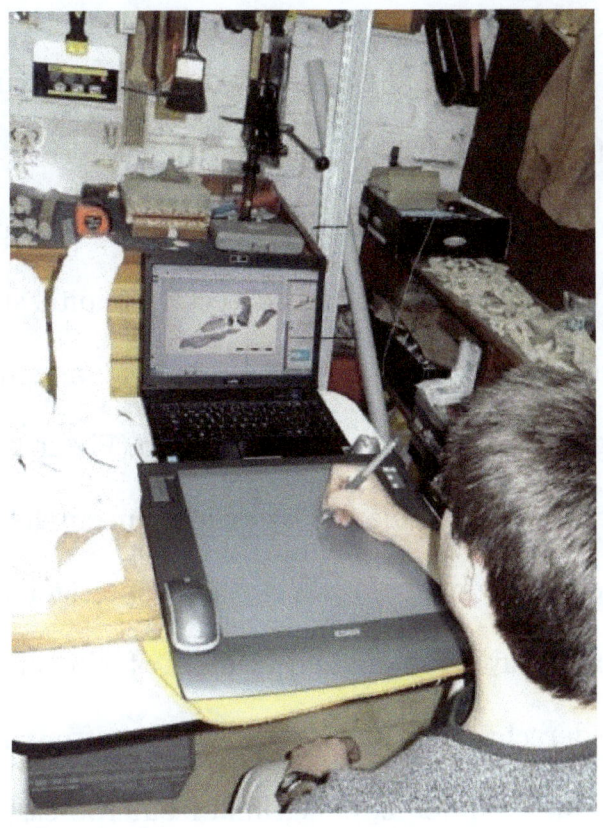

Fig. 19. Diseño y reconstrucción digital de los elementos craneales del hadrosáurido.

4.- Descripción del cráneo del Hadrosauridae Corsolinisaurus rionegrensis

El cráneo de *Corsolinisaurus r* se encuentra en un estado de conservación muy buena, casi completo y desarticulado. La dificultad en identificar suturas entre los distintos huesos que forman el sector occipital sugiere que los materiales corresponden a un individuo con un estadio ontogenético probablemente avanzado (Fig.20). Del ejemplar se preservó el premaxilar izquierdo incompleto, el maxilar izquierdo fragmentado y la cresta ectopterigoidea, el maxilar derecho muy fragmentado, el nasal fusionado tanto en su parte derecha como en la izquierda, el prefrontal izquierdo, el postorbital izquierdo, el lagrimal izquierdo casi completo, el yugal izquierdo casi completo y fragmentos del derecho, el cuadradoyugal izquierdo, el cuadrado derecho, el escamoso izquierdo incompleto, el palatino derecho, el ectopterigoides derecho, el basicráneo completo (basioccipital y basiesfenoides), el sector supraoccipital dorsal al foramen magnum, gran parte de los procesos paraoccipitales (exoccipital-opistótico), el sector ventral de la pared lateral del basicráneo (proótico y parte del lateroesfenoides) y el sector posterior de un molde endocraneano natural preservado en el interior, el dentario derecho preservado en varios fragmentos incluyendo la batería dentaria en 3 fragmentos y el proceso coronoide, y el surangular derecho (Fig.21) y (Fig.22).

Abreviaturas

a.crt: arteria carótida
a.na: articulación con el nasal
a.pd: articulación para el predentario
a.prf: articulación para el prefrontal
a.sa: articulación para el surangular
ar: articular
bs: basiesfenoides
bo: basioccipital
cab: cámara para abductores
cav: cavidades neumáticas
ce: cavidad encefálica
cj: contacto yugal
cmx: contacto maxilar
cq: contacto cuadrado
cqj: contacto cuadrado yugal
cp: cresta primaria
co: cóndilo occipital
ecr: cresta ectopterigodea del maxilar
eo: exoccipital
et: elemento etmoidal
f: frontal
fit: fenestra infratemporal
fm: foramen magnum

fn: forámenes nutricios
fo: fenestra ovalis
fst: fenestra supratemporal
j: yugal
jpa: proceso anterior del yugal
jpp: proceso posterior del yugal
l: lagrimal
ls: lateroesfenoides
m: maxilar
madp: proceso anterodorsal del maxilar
mavp: proceso anteroventral del maxilar
mcar: cóndilo mandibular del cuadrado para el articular
mcsa: cóndilo mandibular del cuadrado para el surangular
mxfo: foramen del maxilar
n: nasal
nar: narina
orb: órbita
p: parietal
pbp: proceso basipterigoides
pbt: pared basituberal
pc: proceso coronoides
pfr: prefrontal
pd: predentario

pmx: premaxilar
po: postorbital
pop: proceso postorbital del yugal
ppo: proceso paraoccipital
pre pd: preotic pendant
pro: proótico
py: proceso yugal
q: cuadrado
qh: cabeza del cuadrado
qj: cuadrado-yugal
rbe: receso basiesfenoidal
s: sínfisis
sa: surangular
so: supraoccipital
sq: escamoso
tb: tubérculo basal
th: dientes

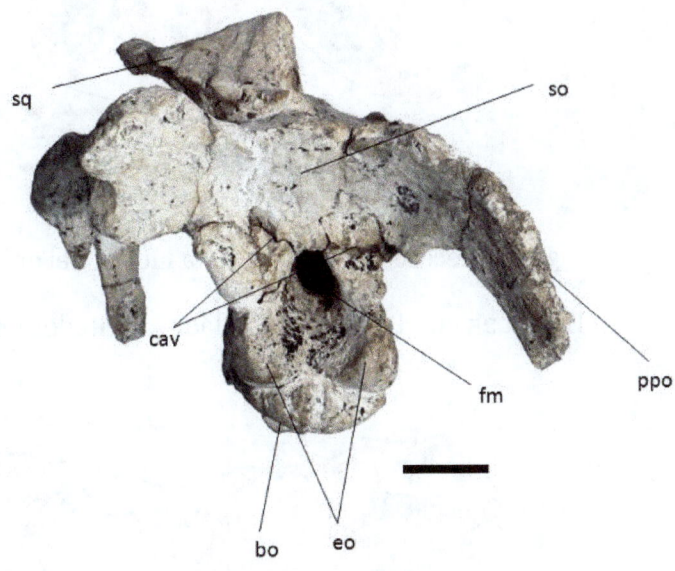

Fig. 20. Vista occipital del neurocráneo. Escala 5 cm.

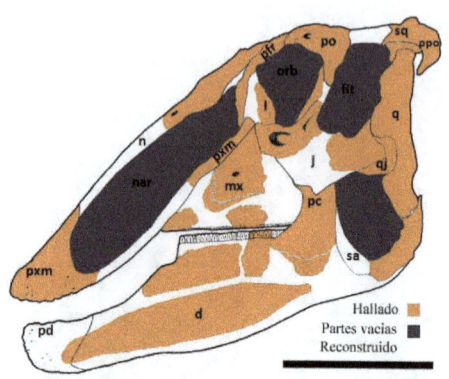

Fig. 21. Reconstrucción en vista lateral del cráneo. Escala 25 cm. Los huesos hallados, pintados en ocre.

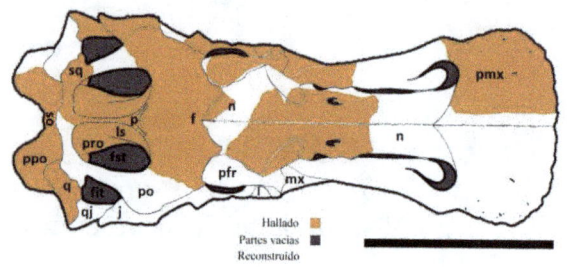

Fig. 22. Reconstrucción en vista dorsal del cráneo del ejemplar. Escala 25 cm

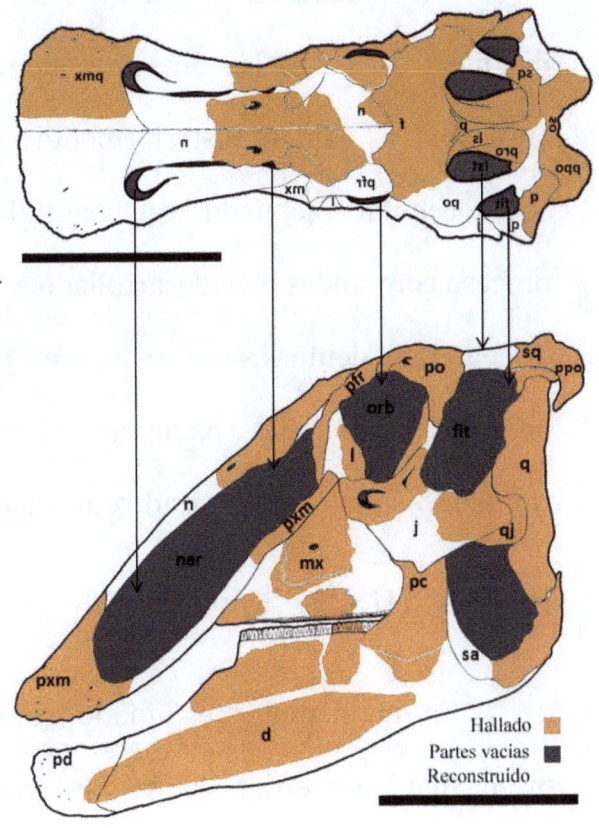

Fig. 22.a Reconstrucción comparativa entre vista dorsal y lateral del cráneo del ejemplar. Escala 25 cm

La combinación de ciertos caracteres diagnósticos, como las fenestras supratemporales amplias y anteroposteriormente largas, el supraoccipital inclinado ventroanteriormente, el proceso coronoides bien desarrollado, y la presencia de baterías dentarias en maxilares y dentarios, permite asignar el ejemplar *Corsolinisaurus. ropnegrensis* a la familia Hadrosauridae.

PREMAXILAR

En el ejemplar estudiado se conservó el premaxilar izquierdo, su región anterior y la porción distal del proceso posteroventral. Dicha porción distal se preservó hasta sus contactos con el maxilar, el yugal, el lagrimal.

El premaxilar es robusto (Fig.23) y junto con el nasal, forman el sector dorsal de las narinas. Además, estos dos elementos, en vista lateral, forman una fuerte pendiente como en *Gryposaurus* (Gates and Sampson, 2007). El proceso lateral del premaxilar encaja dorsalmente entre las narinas externas. No hay anillo de corte en el margen oral. El margen rostral tiene forma de arco amplio en sentido transversal y se constriñe abruptamente por detrás del margen oral. El área para el foramen accesorio ubicado rostralmente al foramen premaxilar no se ha conservado. El margen ventral del sector oral está curvado lateralmente. El margen oral tiene dentículos suavemente marcados y no forma un doble borde. No se observa una fosa narial.

El premaxilar de la mayoría de los hadrosáuridos contacta posteroventralmente con el maxilar y el lagrimal a lo largo del proceso ventral, y con el nasal a través del proceso dorsal (Fig.22), a diferencia de *Gryposaurus* en el cual contactan los dos procesos, lateral y dorsal, con el nasal. No obstante, no es posible establecer este carácter en el ejemplar *Corsolinisaurus rionegrensis* ya que esa área de contacto se halla meteorizada.

Fig. 23. Región anterior del premaxilar. Vista lateral. Escala 5 cm.

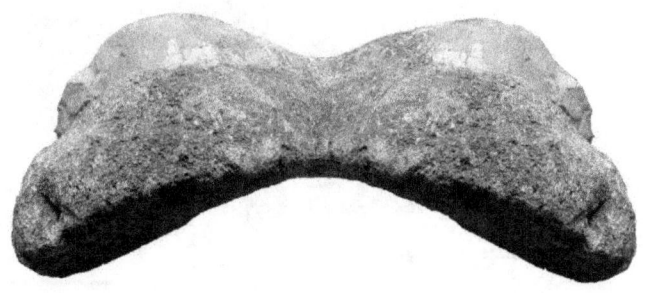

Fig. 23 a. Región anterior del premaxilar. Reconstrucción vista frontal

El premaxilar se divide en tres regiones (Fig.24):

1) Región anterior

2) Proceso posterodorsal

3) Proceso posteroventral

En este trabajo se optó por la una división del premaxilar para su mejor estudio, tomada de Gates y Sampson (2007), con una modificación de los nombres de los procesos dorsal y lateral, designándolos como proceso posterodorsal y posteroventral respectivamente tomadas de Coria (2009).

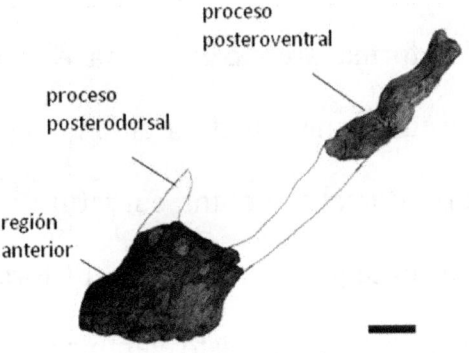

Fig. 24. Reconstrucción del premaxilar. Vista lateral. Escala 5 cm.

En la región anterior, el margen oral es muy rugoso en la parte ventral. Según algunos autores (Gates y Sampson, 2007; Coria, 2009), este tipo de rugosidad podría participar en un anclaje para una estructura similar a una ranfoteca queratinosa. En vista dorsal se expande lateralmente con un ancho de a lo sumo igual que la línea del yugal. Posterior al margen oral del premaxilar, se encuentra la plataforma premaxilar. Esta es ancha y comienza con una concavidad en el lado ventral, mientras la parte dorsal tiene una curvatura muy pronunciada con un ángulo de casi 90°. El foramen premaxilar no se distingue en este ejemplar.

NASAL

Los nasales, el premaxilar y los lagrimales, conforman la cavidad nasal. El nasal de ejemplar estudiado se encuentra incompleto, ya que se encontró su parte media (Fig.25) y un fragmento del sector posterior adosado al techo craneano (Fig.26). El nasal es un elemento de forma recortada en vista lateral, que en la mayoría de los hadrosáuridos contacta anteriormente con el premaxilar, posterolateralmente con el lagrimal y el prefrontal, y posteriormente con los frontales (Fig.21). El proceso anterior del nasal es contiguo con el proceso posterodorsal; esto es una condición común en algunas especies de hadrosáuridos como *Gryposaurus* (Gates and Sampson, 2007) y *Maiasauria* (Horner, 1983). El contacto frontal-nasal no está preservado en este ejemplar.

a

b

Fig. 25. Fragmento de nasal. Vista superior a – vista lateral izquierda b Escala 5 cm.

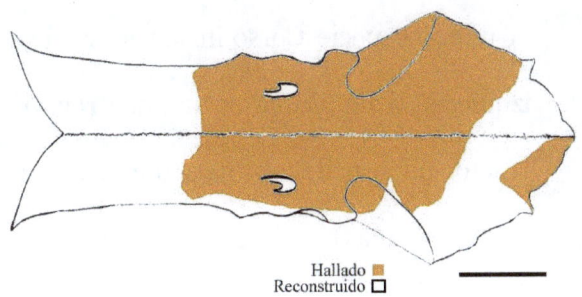

Fig. 26. Reconstrucción nasal vista superior. Escala 5 cm.

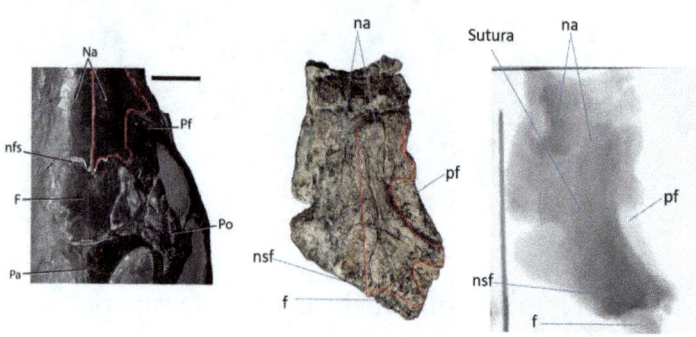

Fig. 26.1 Comparación entre Griposaurus a la derecha y la nueva especie Corsolinisaurus rionegrensis medio e izquierda (ésta última es una neutrografía tomada en el reactor nuclear de protones, donde se pueden divisar las partes internas)

MAXILAR

El maxilar en todos los hadrosáuridos es un hueso robusto y uno de los más grandes y poderosos del cráneo. En *Corsolinisaurus rionegrensis*, se conservaron varios fragmentos del maxilar izquierdo, con los cuales se pudo realizar una reconstrucción hipotética como se observa en la figura 27. El foramen del ápice es alto y afilado. No se conservaron los forámenes nutricios en la zona dorsal.

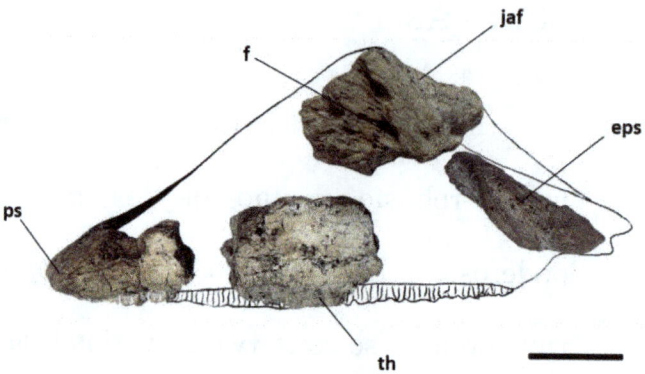

Fig. 27. Reconstrucción el maxilar). Vista lateral. Escala 10 cm.

El maxilar se puede dividir en tres regiones para su descripción, como lo describe Gates and Sampson (2007), para *Gryposaurus monumentensis*.

1) Una región anterior que incluye un par de procesos maxilares

2) Una región central contactando con el yugal.

3) Una región posterior que une el palatino con el esqueleto facial.

Al igual que el premaxilar, se optó por esta división para su mejor estudio.

Al realizar una proyección hipotética del maxilar, en cada lado del mismo habría alrededor de 30 dientes a lo largo de una fila semirrecta. En la región anterior, los dos procesos del maxilar estarían dirigidos anteriormente y se extenderían desde el borde más anterior del maxilar. El proceso anteroventral es muy corto y robusto, con 1,58 cm de longitud y 2,36 cm de ancho. Este soporta dorsalmente el proceso posteroventral del premaxilar. El proceso anterodorsal no está conservado completamente en *Corsolinisaurus rionegrensis*, pero al parecer no se extendería más allá de las narinas externas como en *Gryposaurus monumentensis*, en el cual se observa en vista lateral (Fig.28).

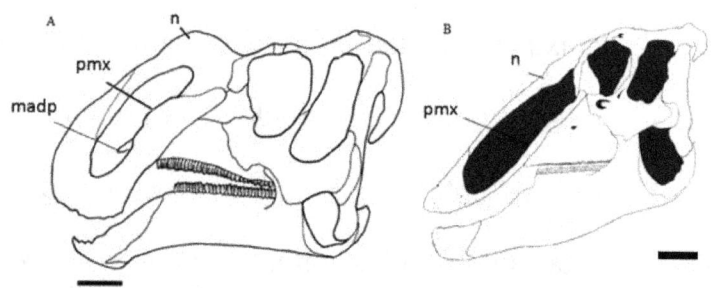

Fig. 28. A *Gryposaurus monumentensis* (RAM 6797) modificado de Gates y Sampson (2007) escala 10 cm. B *Corsolinisaurus rionegrensis* escala 25 cm. Vistas laterales.

En la región central, el foramen más grande del maxilar se abre en la base del proceso dorsal, con una longitud de 1,35 cm y un ancho de 0,72 cm (Fig.27). El proceso dorsal contacta con el yugal a lo largo de una sutura ancha y levemente sigmoidal, y no contacta con el lagrimal como en otros hadrosáuridos (Fig.28) y (Fig.35). Esta región está provista de dientes esmaltados y muy gastados. Los espacios interdentales están ausentes y el tamaño relativo entre dientes del maxilar es menor que en el dentario (Fig.29).

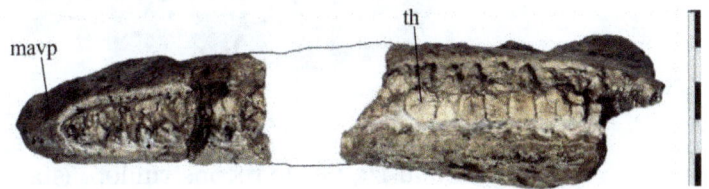

Fig. 29. Maxilar izquierdo reconstruido. Vista ventral. Escala 5 cm.

El contacto con el palatino, el ectopterigoides y el pterigoides, ocurre en la región posterior del maxilar. La cresta ectopterigodea es angosta dorsoventralmente con 2,16 cm y expandida transversalmente con 4,94 cm (Fig.30).

Fig. 30. Cresta ectopterigoidea izquierda. A vista dorsal. B vista lateral. Escala 5 cm.

YUGAL

Este elemento es largo, plano y asimétrico, y varía significativamente en forma y tamaño en muchos individuos de distintas especies de hadrosáuridos. Estos caracteres tan distintivos para muchas especies, según Gates y Sampson (2007), podrían ser usados con mucha precaución en un contexto filogenético.

El proceso postorbital recibe al proceso coronoideo y alberga la fosa para el complejo muscular abductor de la mandíbula (Coria, 2009). Además, el proceso postorbital asciende con un ángulo cercano a los 70°, a diferencia de *Maiasaura*, que posee un ángulo de casi 90°. Este proceso contacta distalmente con el cuadradoyugal en su superficie lingual, siendo este contacto anguloso y somero, además de contactar dorso-posteriormente con el cuadrado, excluyendo al cuadradoyugal de la fenestra infratemporal (Fig.31).

El yugal no contacta con el ectopterigoides a expensas de un mayor desarrollo del contacto palatino-yugal. El extremo rostral del yugal por debajo del lagrimal, está dorsoventralmente expandido por delante de la órbita, con el lagrimal proyectado dorsalmente por encima del nivel del maxilar. La forma de este extremo, posee un distintivo proceso acuñado entre el maxilar y el lagrimal, restringido a la porción dorsal del yugal, el cual es asimétrico rostralmente. El desarrollo del flanco ventral está estrangulado dorsoventralmente por debajo de la fenestra infratemporal. El margen ventral es sigmoideo.

El yugal de los hadrosáuridos participa en la fenestra infratemporal, en el margen ventral de la órbita y en el sector más exterior de la cámara para los abductores (Fig.21). La mitad del proceso anterior del yugal de *Corsolinisaurus rionegrensis* está expandido dorsoventralmente y forma una larga y suave curva sigmoidal, donde su parte anterior contacta con el lado posterior del proceso dorsal del maxilar y su parte interna con el lagrimal. El contacto con el maxilar tiene un ancho máximo de 4,54 cm y una altura máxima de 5,83 cm, y el contacto con el lagrimal tiene un ancho máximo de

3,11 cm y una altura de 4,36 cm. La parte anterodorsal del yugal contacta con el postorbital en su proceso inferior, y con el palatino; además, la parte posterior contacta con el cuadradoyugal.

Según Gates y Sampson (2007), el proceso orbital cambia poco a través de la ontogenia, con un ángulo de ascenso que va desde aproximadamente 60° hasta casi vertical, decreciendo el tamaño de la órbita y aumentando el de la fenestra infratemporal con incremento de la longitud craneal (Fig.31).

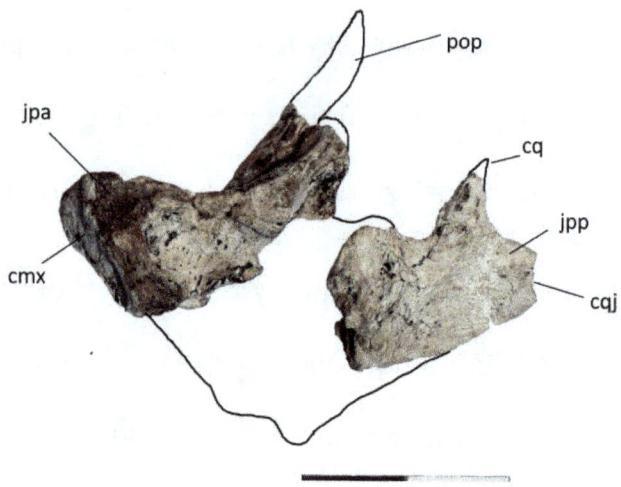

Fig. 31. Yugal izquierdo reconstruido. Vista lateral. Escala 5 cm.

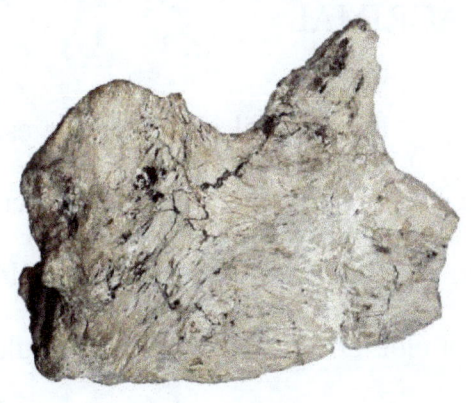

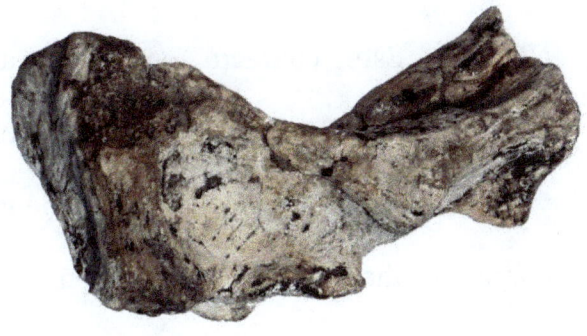

Fig. 31. Yugal izquierdo. Vista lateral. Escala 5 cm.

LAGRIMAL

El lagrimal del ejemplar estudiado preservó la cara posterior y la articulación con el yugal. Como en la mayoría de los hadrosáuridos, el lagrimal es un elemento corto y cuadrangular que forma el margen anterior de la órbita. El prefrontal se interpone entre el lagrimal, el frontal y el nasal. El margen ventral del lagrimal descansa sobre el yugal (Fig.32). Este contacto o faceta es levemente cóncavo en el lagrimal y levemente convexo en el yugal, vinculándose ambos elementos en un contacto hermético, como en *Gryposaurus monumentensis*. En vista posterior, se observa un foramen ovoide y largo, con 0,46 cm de longitud y 0,25 cm de ancho.

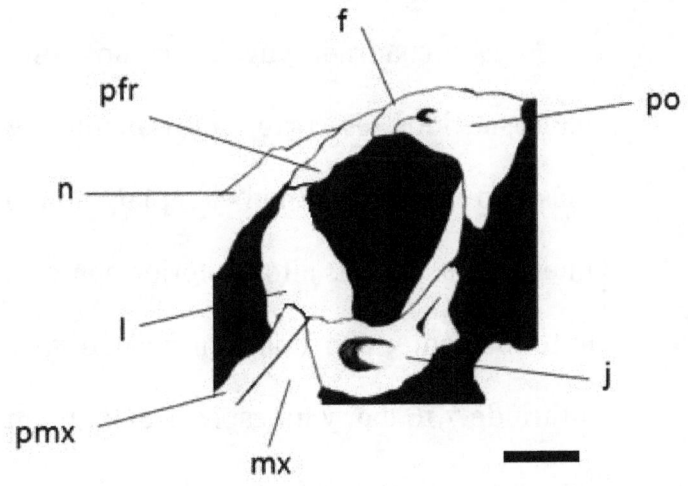

Fig. 32. Vista lateral izquierda de la órbita del hadrosáurido *Corsolinisaurus rionegrensis*. Se observa el contacto lagrimal con el prefrontal, yugal y premaxilar. Escala 10 cm.

CUADRADO-YUGAL

El cuadrado-yugal, como en muchos hadrosáuridos, es corto, subtriangular, y un poco más alto que largo. En el ejemplar estudiado, es un hueso robusto, más alto posteriormente y más largo anteriormente, con una longitud de 7,44 cm, una altura de 7,16 cm, y un espesor de 2,71 cm (Fig.33). Su cara anterior es lisa, el borde más bajo es ondulado, y la parte posterior es curva anterodorsalmente. Este elemento contacta anteriormente con el yugal y posteriormente con el cuadrado, participando en el sector más posterior de la cámara para los abductores, pero no en la fenestra temporal inferior (Fig.34). Es comparable con *Prosaurolophus* y *Gryposaurus* (Horner, 2004;

Gates Sampson, 2007) y diferente a *Edmontosaurus* (Lambe, 1920). Posteriormente, este elemento posee una forma de copa que acepta la región más baja del lado lateral del cuadrado.

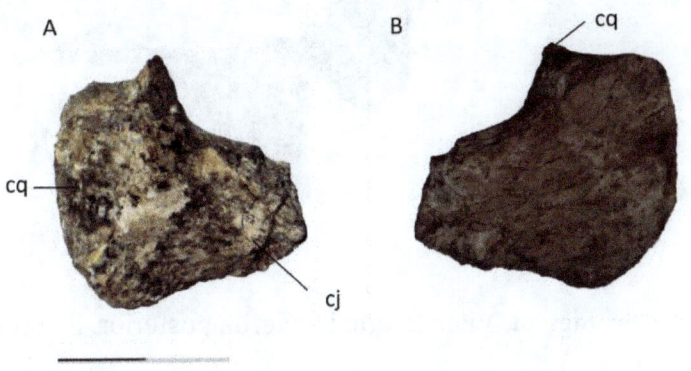

Fig. 33. Cuadradoyugal derecho. A) Vista interna B) vista externa. Escala 5 cm.

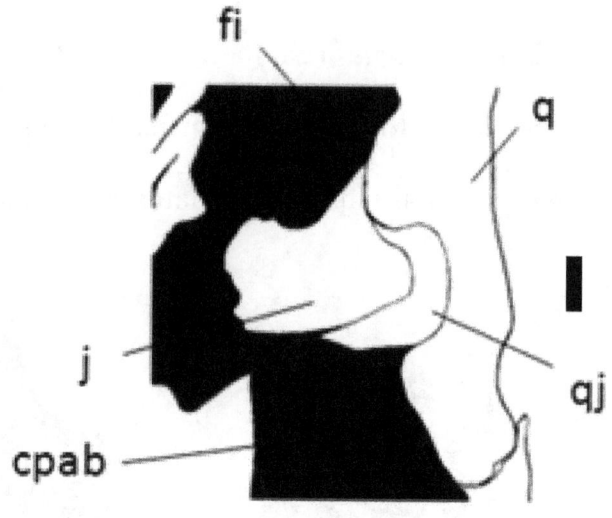

Fig. 34. Vista lateral izquierda posterior. Se observa el contacto cuadradoyugal con el cuadrado y el yugal. Escala 5 cm.

PREFRONTAL

El prefrontal está conservado prácticamente completo. Es suavemente curvo lateralmente con una longitud de 10,63 cm y un ancho de 5,05 cm. En algunos hadrosáuridos lambeosaurinos, el prefrontal forma parte de la cresta nasal (Coria 2009). Este hueso contacta con el lagrimal anterolateralmente, con el premaxilar anteriormente, con el nasal medialmente y con el frontal posteriormente, formando parte del sector rostrodorsal de la cavidad orbital como en todos los hadrosáuridos (Fig.35) y (Fig.20). A su vez se encuentra a nivel de los elementos circundantes sobre el área rostral del margen orbital, como en muchos otros hadrosáuridos, salvo en *Maisauria*, *Prosaurolophus* y *Saurolophus* (Coria, 2009).

La superficie anterolateral hace contacto con el premaxilar con una unión delgada. En la superficie anteroventral, posee una ranura subtriangular que recibe al lagrimal. La región medial se inclina un poco dorsalmente coincidiendo en parte con el nasal. Posteriormente posee un proceso grande que se inserta dentro de una depresión del frontal.

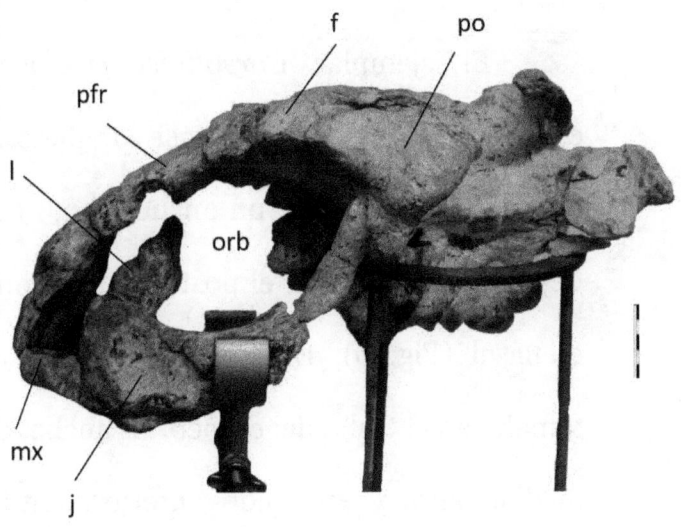

Fig. 35. Vista lateral de la sección posterior del cráneo. Escala 5 cm.

FRONTAL.

El ejemplar *Corsolinisaurus rionegrensis* conservó ambos frontales casi completos, con una longitud de 14,9 cm y un ancho de 9,9 cm tomado desde el contacto con el postorbital al contacto con el nasal (Fig.36). Este es el elemento de mayor tamaño en el techo del cráneo. Es ancho, deprimido medialmente y esculpido anteriormente con una sutura nasofrontal singular, no poseyendo una proyección dorsal. Cada frontal se articula anteriomente con un pequeño proceso del nasal, formando los dos frontales una U. Sobre ella se insertan los nasales unidos por la línea media en la sutura frontonasal.

El frontal participa en el margen lateral de la órbita, donde su parte anterior articula con el prefontal y su parte posterior con el postorbital distinto a la condición presente en *Naashoibitosaurus, Saurolophus, Secernosaurus koerneri* (Prieto-Marquez, 2010) y los lambeosaurinos, en los cuales el frontal está excluido de dicho borde por la presencia de un contacto supraorbital del prefrontal y el postorbital. El frontal articula con el parietal a través de un contacto integrado en sentido transversal en su mitad lateral, y oblicuo en su sector medio, debido a la presencia de un proceso interfrontal de los parietales (también descripto como proceso interparietal) (Coria, 2009). Ventralmente, el frontal se articula con el lateroesfenoides y el orbitoesfenoides. Ambos frontales se vinculan en la línea media por medio de una fuerte sutura. En los lambeosaurinos y en los no-lambeosaurinos juveniles, se puede presentar un pequeño *domo* o cúpula (Horner *et al.*, 2004).

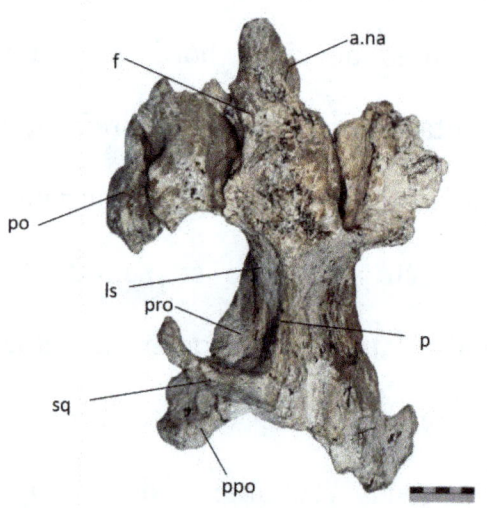

Fig. 36. Vista dorsal del techo craneano. Escala 5cm.

POSTORBITAL

El postorbital posee un cuerpo principal que se divide en tres procesos diferentes (Fig.37):

1) Proceso anterior

2) Proceso yugal

3) Proceso escamosal

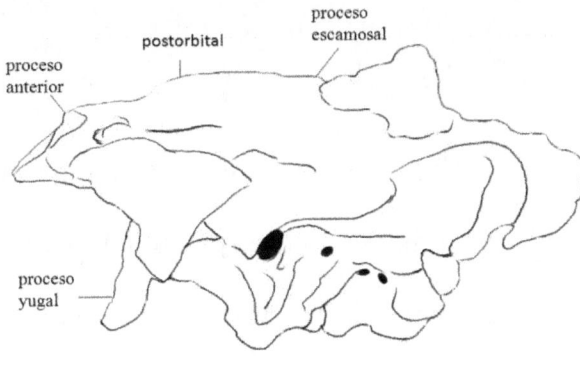

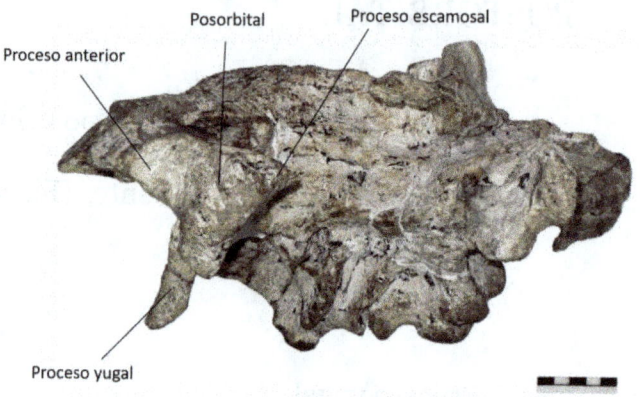

Fig. 37. Vista lateral del neurocráneo, donde se observan los tres procesos del postorbital. Escala5cm.

El proceso anterior posee una longitud de 4,6 cm aproximadamente, y contacta con el frontal en su sector mediorrostral. Este participa en el margen posterior de la órbita ocular como en todos los hadrosáuridos y además hay una cavidad o foramen entre estos dos elementos.

El proceso escamosal tiene una longitud estimada de 8,7 cm y un ancho estimado de 4 cm, extendiéndose posteriormente en contacto con el escamoso, y contribuyendo a la región posterior del arco supratemporal. A su vez contacta con el frontal en su parte mediorrostral, con los parietales en una gran cavidad localizada medialmente, y con el laterofenoides medioventralmente.

El proceso yugal se extiende hacia la parte ventral del cráneo como un proceso largo y delgado, el cual posee una altura estimada de 11,4 cm, un ancho máximo de 3,05 cm y mínimo de 1,26 cm, y un espesor máximo de 5,37 cm y mínimo de 1,53 cm. Este elemento contacta en su parte ventral con el yugal, formando la cara posterior de la órbita ocular, la cual posee una altura máxima de 11,3 cm y un ancho máximo de 6,8 cm aproximadamente (Figs.35 y 36). Además, este proceso está fuertemente inclinado posteriormente como en *Prosaurolophus*, *Saurolophus* y *Gryposaurus* (Coria, 2009), y en vista dorsal al postorbital, el cráneo está estrechado a nivel de las cabezas de los cuadrados.

ESCAMOSO

El escamoso compone la sección posterolateral de la bóveda craneana, forma el sector posterior de la barra temporal, se articula medialmente con el parietal y el supraoccipital, caudalmente con el exoccipital y opistótico, y centralmente se articula con la cabeza dorsal o cótilo del cuadrado, para lo que presenta una cavidad articular de margen elipsoidal (Fig.20). A nivel de la carilla para el cótilo del cuadrado, el escamoso posee procesos pre y postcuadráticos que limitan rostral y caudalmente dicha articulación (Coria 2009). En el ejemplar estudiado, la cavidad del escamoso que articula con el cótilo superior del cuadrado, posee un ancho interno de 3,56 cm y un ancho externo de 5,70 cm. El proceso precuadrático es corto y semicilíndrico con una altura de 1,8 cm y un diámetro de 1,1 cm, terminando en una punta truncada a casi 45°. La superficie medial de los escamosos es el lugar de inserción para los músculos abductores superficial externo y medial (Coria, 2009).

En el ejemplar estudiado, no se conservó la barra supratemporal, por lo que es difícil poder distinguir hasta dónde se proyectaba el exoccipital. Se conservó, en cambio, el contacto entre los dos escamosos y su proyección hacia la parte occipital del cráneo, y en forma fragmentaria la articulación con la cabeza del cuadrado.

Los escamosos contactan ampliamente en la línea media en el techo del cráneo, como en *Saurolophus*, *Parasaurolophus* y *Lambeosaurus*, a diferencia del hadrosáurido basal *Telmatosaurus*, en el cual el parietal se interpone entre los escamosos (Coria 2009).

BASICRANEO

Es el conjunto de huesos del neurolocráneo excluyendo al techo craneano. El basicráneo de los hadrosáuridos es aproximadamente cuadrangular en vista lateral. Está formado por el supraoccipital, los exoccipitales y el basioccipital en vista posterior, y por los opistóticos, proóticos, basiesfenoides, paraesfenoides, lateroesfenoides, orbitoesfenoides y presfenoides en vista lateral (Coria 2009).

El basicráneo del ejemplar estudiado, está preservado casi completo (Fig.38 A y B). En vista occipital el cráneo es triangular, al igual que *Gryposaurus*, *Edmontosaurus* y *Secernosaurus*, entre otros hadrosáuridos (Fig.40).

El estado de conservación es muy bueno, pero no se identifican suturas entre los distintos tipos de huesos que forman el sector occipital, lo que sugiere un estadio ontogenético avanzado para el ejemplar.

Como en todos los hadrosáuridos, el cóndilo occipital está formado por tres unidades claramente identificables y de superficies convexas: dos laterodorsales aportadas por los exoccipitales, y una central de posición ventral a las anteriores, formada por el basioccipital (Coria, 2009). En el ejemplar estudiado, el cóndilo tiene una altura máxima de 5,3 cm y un ancho de 6,8 cm (Fig.39).

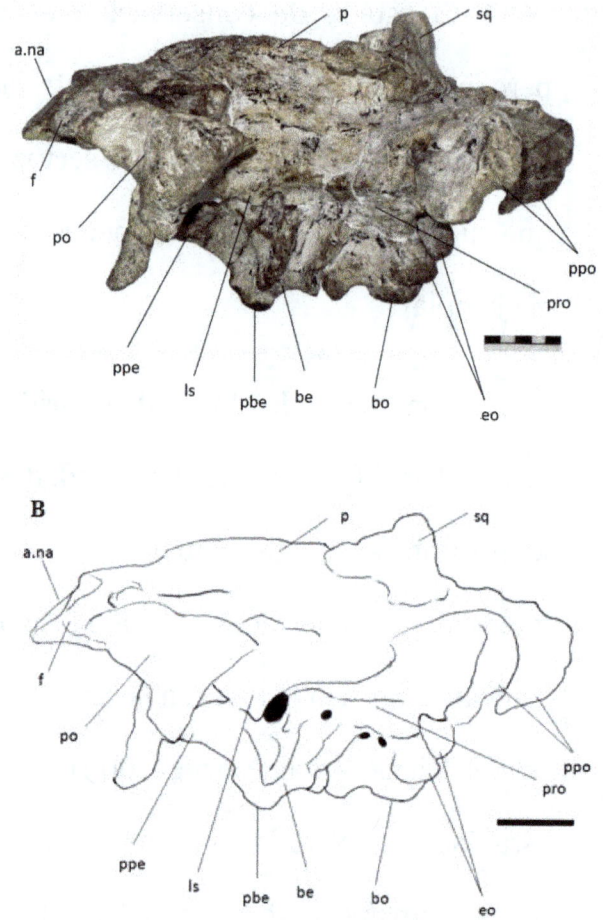

Fig. 38. Foto y Dibujo del neurocráneo del ejemplar *Corsolinisaurus r*ionegrensis. Vista lateral. Escala 5cm.

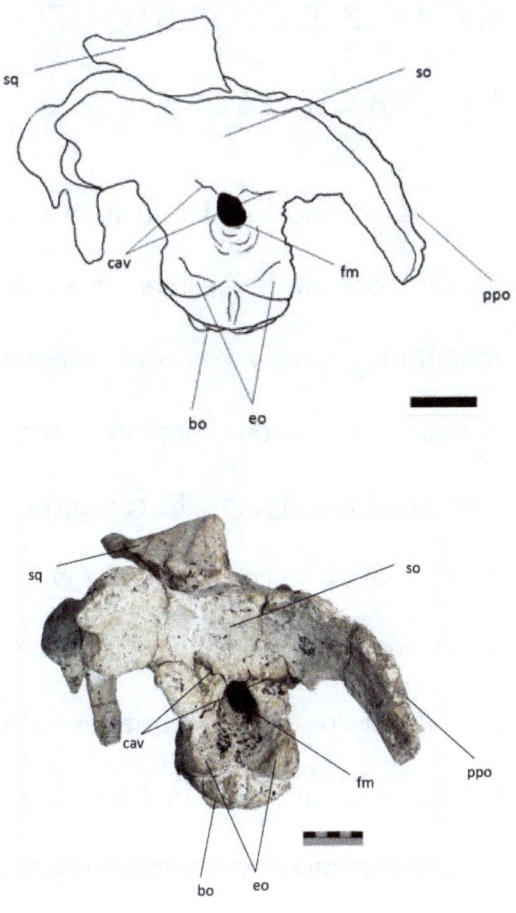

Fig. 39. Vista posterior del cráneo del ejemplar *Corsolinisaurus r*ionegrensis. Escala 5cm.

EXOCCIPITAL, OPISTÓTICO Y PARAOCCIPITAL

Los exoccipitales forman el sector dorsal del cóndilo occipital y el sector ventral del foramen magnum, pero estos dos elementos están sin embargo separados por una región delgada del basioccipital (Fig.39). El escamoso, el basioccipital y el pro-ótico se contactan a través de dos regiones: el proceso paraoccipital y la base del exoccipital. Los procesos paraoccipitales son alargados y terminan al nivel de la base de los exoccipitales, (Fig.39) como en *Prosaurolophus* y distinto a *Brachilophosaurus* (Horner, 1992).

Como en *Gryposaurus* (Gates y Sampson, 2007), y a diferencia de *Prosaurolophus*, el supraoccipital forma parte del sector dorsal del foramen magnum, ya que los exoccipitales no se unen en la línea media.

En este ejemplar, los exoccipitales tienen un ancho de 3,0 cm y una altura de 3,4 cm. Posicionados dorsolateralmente en el cóndilo occipital, son de forma triangular, convexa, deprimida dorsalmente y con una punta corta y redondeada. Estos elementos tienen una similitud mayor en *Prosaurolophus* (Horner, 1992) que en *Edmontosaurus* (Horner, 2004), *"Anatotitan"* (Lull y Wright, 1942) y *Secernosaurus koerneri* (Prieto-Marquez, 2010) .(Fig.40)

Los procesos paraoccipitales poseen una longitud en sentido anteroposterior de 9,7 cm y un alto de 10 cm aproximadamente, y un espesor de 2,1 cm. Son largos, colgantes, curvados en sentido rostral y cada uno está formado por la fusión del exoccipital con opistótico.

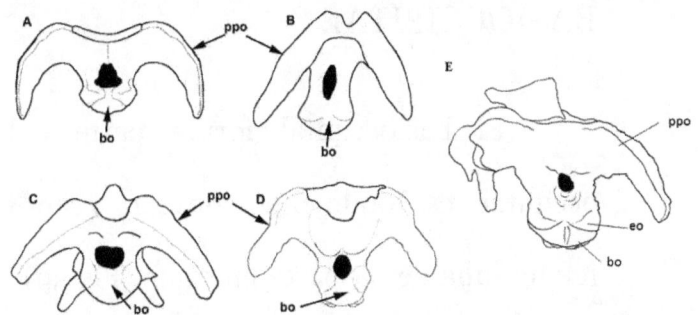

Fig. 40. Comparación de las vistas posteriores del cráneo de A) *Prosaurolophus*, B) *Edmontosaurus*, C) *"Anatotitan"* y D) *Secernosaurus koerneri*. E. *Corsolinisaurus* rionegrensis (A, modificado de Horner, 1992; B, modificado de Horner *et al.*, 2004; C, modificado de Lull y Wright, 1942 D, modificado de Coria, 2009). Figuras fuera de escala.

BASIOCCIPITAL

El basioccipital forma parte del cóndilo occipital, es totalmente convexo y en forma de media luna en su parte anterior (Fig.39). Contacta con el exoccipital posterodorsalmente, con el proótico dorsalmente y con el basiesfenoides anteriormente. En vista posterior posee un ancho de 5,7 cm y un alto de 2,8 cm, conserva una ranura o canaleta dorsoventral en su parte media posterior de 0,62 cm de ancho, 0,35 cm de profundidad y 1,94 cm de alto. La parte media dorsal de la media luna representa la base del foramen magnum junto con los exoccipitales, los cuales se encuentran dorsolateralmente fusionados a la media luna mencionada. En vista ventral, el basioccipital presenta una constricción a modo de cuello inmediatamente por delante del borde anterior del cóndilo, la cual presenta un reborde longitudinal somero que separa dos depresiones. Esta región está dominada por los tubérculos basales, que se encuentran lateralmente posicionados; son bajos, bulbosos y distinguiblemente separados por la mitad posterior de forma cóncava del basioccipital (Fig.41). Estos tubérculos se encuentran a una distancia interna de 3,4 cm y a una distancia externa de 6,2 cm, teniendo cada uno un ancho de 1,9 cm y un largo de 3,3 cm.

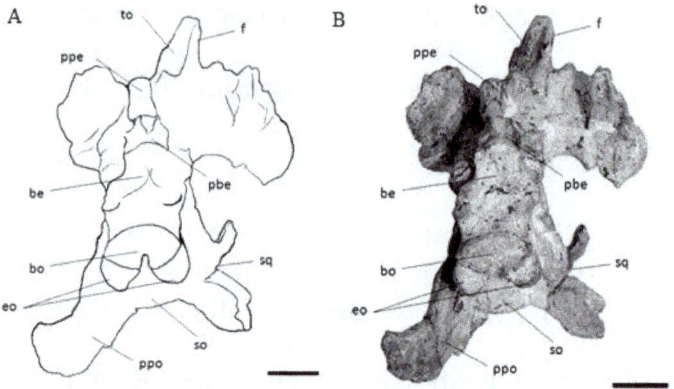
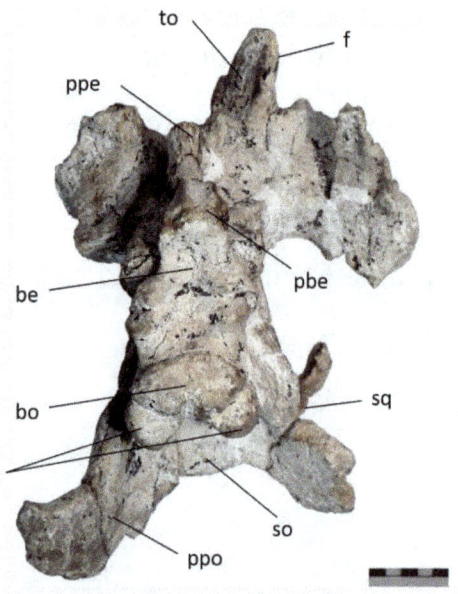

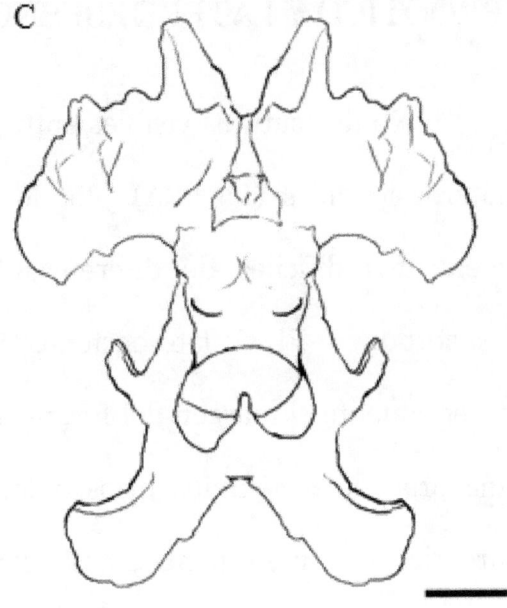

Fig. 41. Vista ventral del neurocráneo del ejemplar *Corsolinisaurus* rionegrensis - A. Dibujo. B. Foto. C. Dibujo de reconstrucción del neurocráneo. Escala 5 cm.

PROÓTICO Y LATEROESFENOIDES

No hay suturas visibles entre el proótico y el lateroesfenoides (Fig.38A). Por lo tanto, son dos elementos difíciles de diferenciar y definir con exactitud. El lateroesfenoides conforma íntegramente el margen del foramen II, como en la mayoría de los dinosaurios (Currie, 1997). El proótico es casi pentagonal, contacta con el supraorbital dorsalmente, con el exoccipital posteriormente, con el basioccipital posteroventralmente y con el basiesfenoides anteroventralmente. Contacta a lo largo de su borde anterior con el lateroesfenoides, formando el margen posterior del foramen del nervio craneal trigémino (V) (Gates and Sampson, 2007).

El lateroesfenoides se articula con la superficie ventral del frontal y con el postorbital por medio de un extremo rostrodorsal expandido transversalmente. El grado de articulación entre estos elementos varía dentro de los hadrosáuridos, desde un contacto a partir de superficies más o menos excavadas hasta contactos fuertemente interdigitados (Coria, 2009). En vista lateral, el lateroesfenoides es subtriangular, poseyendo una punta ventral que contacta con el basiesfenoides. El margen dorsal del lateroesfenoides, posee una cresta roma que se inserta dentro de la cavidad medial del postorbital (Fig.38A).

BASIESFENOIDES

El basiesfenoides en el ejemplar estudiado está prácticamente completo. Contacta posteriormente con el basioccipital en una faceta ancha y larga, posterodorsalmente con el proótico y anterodorsalmente con el lateroesfenoides (Fig.38A). Los procesos basiesfenoides que divergen lateramente no están conservados, debido a lo cual no se puede observar el ángulo de inclinación con respecto a la vertical (Fig.41). El proceso paraesfenoides forma anteriormente el ápice del basiesfenoides como en otros hadrosáuridos.

COMPLEJO PALATOCUADRADO

En *Corsolinisaurus* *r*ionegrensis. se encuentran presentes el palatino, el ectopterigoides y el cuadrado, todos ellos de la mitad derecha.

CUADRADO

El cuadrado es un hueso largo, recto, robusto y lateralmente comprimido, que se encuentra ligeramente orientado en sentido ventrolateral en vista posterior, con una altura de 27,5 cm. y un ancho máximo en su parte media de 7,3 cm. En vista lateral, posee una superficie interior con un ala larga y fina, la cual no se encuentra en su totalidad en el ejemplar estudiado (Fig.42). Contacta con el cuadrado-yugal y con el yugal anteriormente, y por fuera con el escamoso superiormente y con el surangular y articular inferiormente.

Este elemento ocupa una posición casi vertical en la parte posterior del cráneo, el cual en su parte superior posee una cabeza de 3,6 cm de ancho y un espesor de 2,1 cm, que se encuentra fija e inmóvil dentro de la cavidad del escamoso. Por contraparte, en su sector inferior hay un cóndilo mandibular, que está compuesto por dos cóndilos: uno más grande lateral de 4,1 cm de ancho y 3,0 cm de espesor, afinándose hacia el interior, que contacta con el surangular, y otro cóndilo más pequeño de 2,6 cm de ancho y 1,7 cm de espesor, posicionado dorsomedialmente, que contacta con el articular. Estos dos extremos, tanto la cabeza como el cóndilo mandibular, necesitan un contacto cóncavo para su apoyo, en el escamoso y en el articular y surangular, respectivamente.

La articulación con el cuadrado-yugal posee una muesca cuadrado-yugal, de forma asimétrica y casi en forma de media luna, con un margen dorsal corto ascendiendo posterodorsalmente cerca de unos 45°, a diferencia de *Gryposaurus monumentensis*, que lo posee con una forma subtriangular y cerca de unos 60° (Gates and Sampson, 2007), y a diferencia de *Brachilophosaurus*, en el cual tiene una muesca casi simétrica (Prieto-Marquez, 2005).

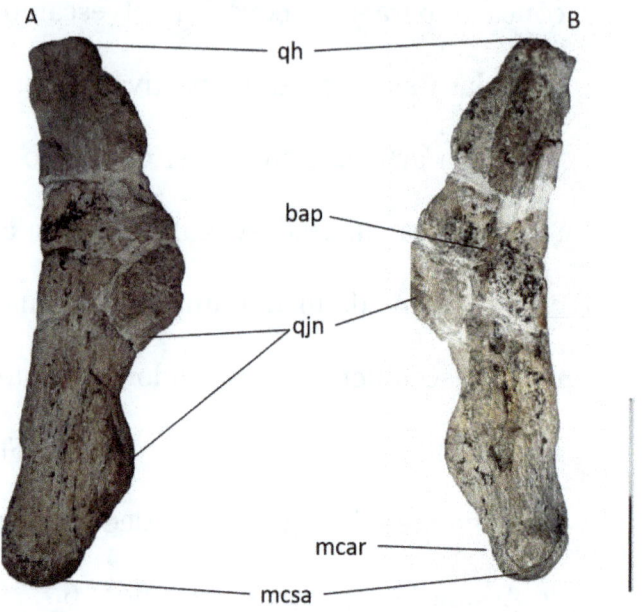

Fig. 42. Cuadrado derecho de *Corsolinisaurus rionegrensis*. A. vista lateral externa. B. vista lateral interna. Escala 5 cm.

PALATINO

El palatino del ejemplar *Corsolinisaurus rionegrensis* está incompleto (Fig. 43), es algo triangular en vista lateral externa, con una proyección central más larga y ancha que las proyecciones laterales. Se angosta dorsoventralventralmente en su parte anterior. La base es casi plana y delgada, con un ancho de 4,7 cm y un largo de 5,5 cm.

Este elemento une al pterigoides dorsalmente posicionado con el maxilar ventralmente a través de dos facetas de articulación ancha. La faceta de la articulación del pterigoides es arqueada y rodea toda la superficie dorsal del palatino, mientras que la faceta de la articulación del maxilar es larga con una punta redondeada hacia abajo.

Fig. 43. Palatino del ejemplar *Corsolinisaurus rionegrensis*. Vista dorsal. *mx*: contacto con el maxilar; *pt*: contacto con pterigoides. Escala 1 cm

ECTOPTERIGOIDES

El ectopterigoides se encuentra colocado en la parte externa del maxilar y del pterigoides en un contacto sutural con ambos, coincidiendo en parte dentro de una muesca posteromaxilar (Lambe, 1920). En el ejemplar estudiado es de forma triangular y es alrededor de dos veces más largo que ancho, con una longitud de 4,8 cm de largo, un ancho máximo de 2,8 cm y un alto estimado de 2,2 cm (Fig.44). En vista lateral es más ancho posteriormente, angostándose en la parte anterior en más de 1/3 de su longitud, terminando en una punta truncada (Fig. 45). Este hueso posee su parte dorsal plana y su parte ventral en forma de quilla.

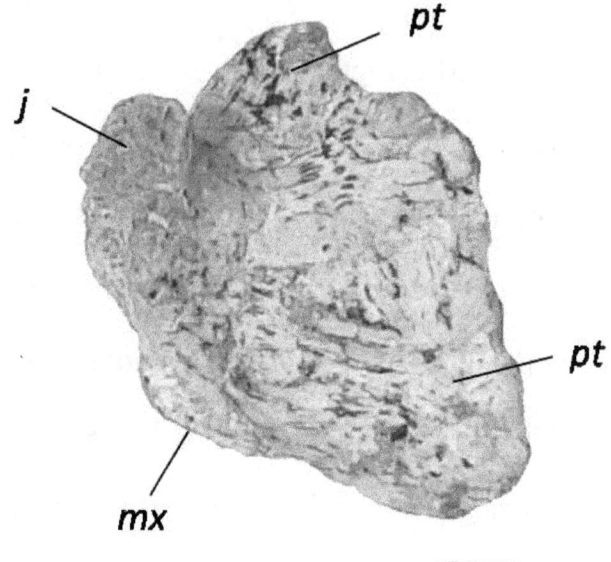

Fig. 44. Ectopterigoides del ejemplar *Corsolinisaurus rionegrensis*. Vista dorsal. *mx*: contacto con el maxilar; *pt*: contacto con pterigoides; *j*: contacto con el yugal. Escala 1 cm.

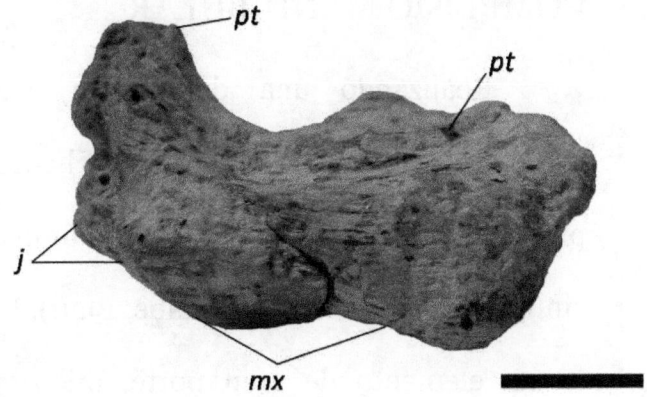

Fig. 45. Ectopterigoides del ejemplar *Corsolinisaurus rionegrensis*. Vista lateral. *mx*: contacto con el maxilar; *pt*: contacto con pterigoides; *j*: contacto con el yugal. Escala 1 cm.

COMPLEJO MANDIBULAR

Realizando una descripción general del complejo mandibular, todos los hadrosáuridos, presentan ambas hemimandíbulas unidas en una sínfisis en la línea media (Lambe, 1920). El dentario es un elemento de gran porte, mientras que el surangular, esplenial, angular y articular son más pequeños. El predentario, ocupa la parte anterior de la mandíbula, el dentario el sector medio, y el resto de los elementos se encuentra posteriormente posicionados.

La mandíbula de *Corsolinisaurus rionegrensis* es extremadamente larga y como se nombró al principio de la descripción del cráneo, se encontró el dentario fragmentado y el surangular.

DENTARIO

El dentario se encuentra fragmentado en varias partes, las cuales se pudieron reconstruir tentativamente (Fig.46). Habría poseído una longitud estimada de 51,2 cm y una altura máxima estimada en 19 cm, como se muestra en la figura 22. Este elemento es robusto y grande, y como en todos los hadrosáuridos, contacta con el predentario anteriormente, con el angular y el esplenial medialmente, y con el surangular y el articular posteriormente.

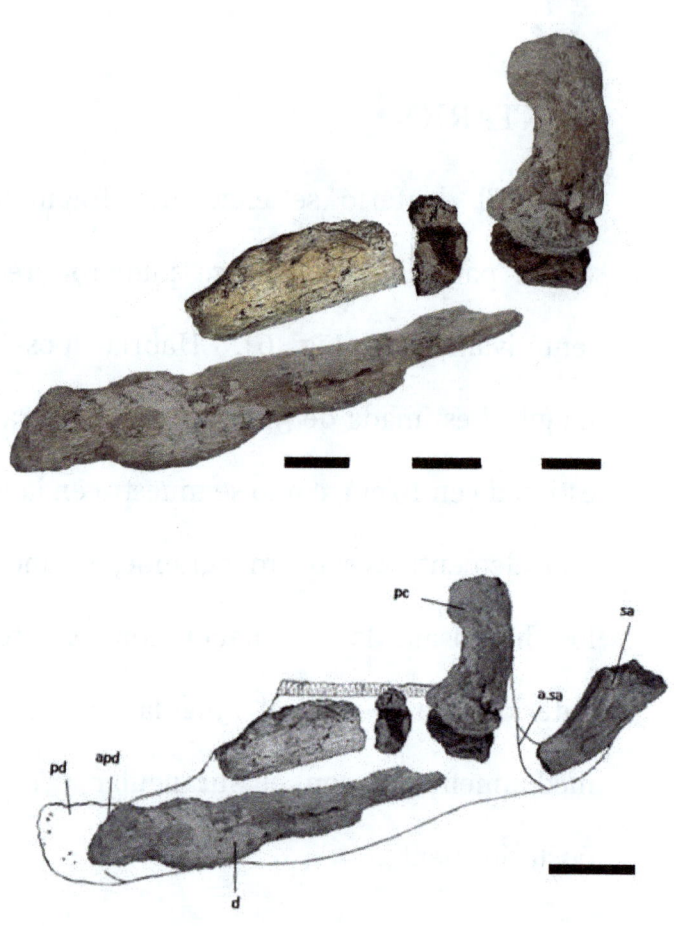

Fig. 46. Dentario reconstruido de *Corsolinisaurus rionegrensis*. Vista lateral exterior. Escala 10 cm.

El dentario es el único elemento de la mandíbula inferior que porta los dientes. El ejemplar *Corsolinisaurus rionegrensis*, conservó cinco fragmentos óseos del dentario, de los cuales tres de ellos son poseedores de dientes y alveolos dentales, con un total de 36 exposiciones dentales visibles.

En el fragmento más grande (Fig.46) se distinguen dos sectores importantes, el comienzo de la parte anterior del mismo (apd) (comienzo del diastema), y el primer alvéolo dental donde va insertado el primer diente.

El fragmento que está por encima del anterior mencionado, figura 46, posee en su parte anterior unos centímetros de diastema de su parte final, y además el alvéolo del primer diente. Este alvéolo anatómicamente debe coincidir con el alvéolo del primer diente del fragmento anterior.

Sumado a esto, los alvéolos deben estar paralelos unos con otros, como lo explica Lambe, 1920 y Lull y Wright, 1942, es por eso que los tres fragmentos que se encuentran en la reconstrucción del dentario, figura 46, están inclinados.

El proceso coronoide, el cual es un elemento del dentario que se encuentra en el sector posterior del mismo, se encontró completo poseyendo una altura de 16,5 cm y un ancho en su parte media de 5,6 cm y el ápice tiene una longitud de 7,4 cm, el cual es más redondeado que en *Brachilophosaurus* (Prieto-Marquez, 2005), *Prosaurolophus* (Horner,

1992), *Edmontosaurus* (Lambe 1920), *Secernosaurus koerneri* (Prieto-Marquez, 2010), *Willinakaqe salitralensis* (Juárez Valieri *et al*, 2010), pareciéndose más a *Gryposaurus* (Gates and Sampson, 2007).

SURANGULAR

El surangular es un hueso del complejo mandibular que se encuentra en el extremo posterior de las mandíbulas. El ejemplar estudiado conservó el surangular en forma fragmentada en los dos extremos, con una longitud total de 11 cm y un ancho de 3,5 cm. Se conservaron los contactos del dentario, esplenial, articular, angular y cuadrado. El contacto dentario y angular se encuantran ventralmente, el articular posteriormente y el esplenial dorsalmente. En el sector posterior, contacta en una pequeña superficie cóncava con el cóndilo mandibular del cuadrado, por lo que a través de este elemento se efectúa la unión principal entre el dentario y el cuadrado, dándole la articulación a la mandíbula.

DIENTES

Los dientes de los hadrosáuridos se disponen en baterías dentarias. La corona dental es más alta que ancha, de forma lanceolada, con esmalte sólo en la superficie bucal para los maxilares y labial para los dentarios (Fig.47). La parte central de la cara no-oclusal de la corona está surcada por una cresta o carena orientada dorsoventralmente (Coria, 2009).

Los espacios interdentales están ausentes. Hay tres dientes funcionales por cada alveolo en el dentario. Los dientes son rectos y casi simétricos en la posición central (Fig.47).

Fig. 47. Dientes del dentario de Corsolinisaurus rionegrensis. Vista labial. Escala 1 cm.

Los dientes dentarios son más grandes que los del maxilar. La superficie lingual posee una sola cresta primaria. La corona dental maxilar es alargada y lanceolada, con una relación entre longitud/ancho mayor a 2,5:1, tomada desde el centro de la hilera dental. En la cara labial hay presente sólo una carena primaria.

5.- Comparación con otros Hadrosauridos

El cráneo de *Corsolinisaurus rionegrensis*, a pesar de no haberse encontrado el predentario, ni los angulares, articulares y espleniales, podría estimarse, en base a los resultados obtenidos, que habría tenido alrededor de 72 cm de longitud (Figs.21 y 22). También puede suponerser que, como en los otros Hadrosauridae el cráneo sería más largo que alto y ancho, con un techo craneano extenso en sentido transversal y mandíbulas poderosas y transversalmente amplias en la zona sinfisial (Figs.21 y 22).

En el premaxilar, el proceso posterodorsal, al presentar su borde posterior definido, no estaría rodeando dorsalmente la narina. Por otra parte, el proceso posteroventral, sí llega a rodear ventralmente la narina, pero no se arquea dorsalmente en su parte posterior. Por lo tanto, correspondería al estado 0 del carácter 27 de Horner *et al.* 2004, lo cual las narinas estarían expuestas en vista lateral.

En la reconstrucción del cráneo de *Corsolinisaurus rionegrensis* en vista lateral

(Fig.21), el proceso posterodorsal del premaxilar y el nasal, formarían un arco exterior levemente curvado dorsalmente. A juzgar por la terminación definida del proceso posterodorsal del premaxilar, el nasal debería estar proyectado anteriormente para contactar con dicho proceso como en todos los Hadrosáuridos. Comparado con otros Hadrosáuridos, el arco que forman estos dos elementos, no es tan curvado dorsalmente como en *Gryposaurus*, ni curvado ventralmente como en *Prosaurolophus maximus*, sino pareciéndose más entonces a *Edmontosaurus* (Fig.48). Además, el proceso posteroventral del premaxilar, mucho más extendido que el proceso posterodorsal, descansaría en el maxilar apoyándose en el lagrimal, como se muestra en la figura 21.

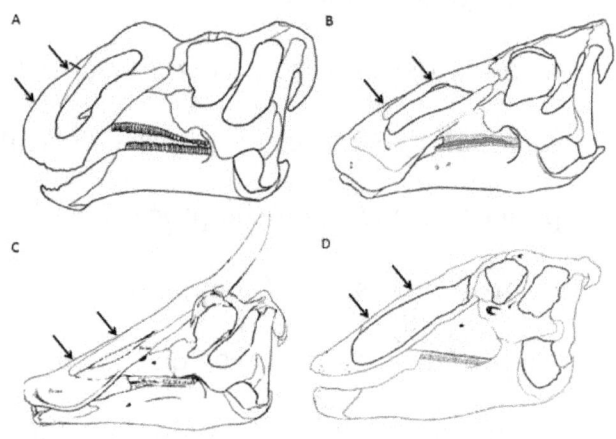

Fig. 48. Comparación del arco exterior del proceso posterodorsal del premaxilar y el nasal, de: A) *Gryposaurus monumententis*; B) *Edmontosaurus*; C) *Prosaurolophus maximus*; D) *Corsolinisaurus rionegrensis*

Según la reconstrucción realizada en los Resultados (Fig.22), la longitud de las narinas externas sería aproximadamente de 42 cm, de modo que la longitud de la cavidad nasal sería mayor que el 40% de la totalidad del cráneo, como sucede en *Gryposaurus* (Lambe, 1914A), *Edmontosaurus* (Lambe, 1917B) y *Prosaurulophus* (Brown, 1916A). Con respecto a la relación porcentual "longitud de las narinas / longitud del cráneo", Hai-lu *et al.* (2003, carácter 3) plantearon esta relación como multiestado, con un estado 0 hasta el 20%, un estado 1 hasta el 40%, y un estado 2 mayor que el 40%. El ejemplar estudiado presentaría el estado 2 (Hai-lu, *op cit*).

A juzgar por la terminación definida del nasal y del premaxilar (Fig.26), la cresta nasal estaría ausente, tal como lo aseveran varios autores para los Hadrosáuridos Sudamericanos (Juárez Valieri *et al*, 2010 y Prieto-Márquez y Salinas, 2010).

El maxilar, según la reconstrucción ya planteada (Fig.27), poseería aproximadamente 35 cm de longitud. Según lo encontrado en otros Hadrosáuridos, el proceso rostrodorsal, al estar presente, debería formar el piso medial de las narinas, medialmente al proceso posteroventral del premaxilar (Horner *et al.*, 2004, carácter 42).

El foramen maxilar se encuentra abierto sobre el área rostrolateral del maxilar y expuesto en vista lateral como se observa en la figura 27. Asimismo, el contacto maxilar-lagrimal estaría ausente, porque se interpone el contacto yugal-premaxilar como se observa en la figura 35, a diferencia de otros Hadrosáuridos como *Corythosaurus*, *Hypacrosaurus*, *Lambeosaurus* (Horner *et al.*, 2004). El ápice del maxilar, la punta más dorsal en vista lateral, estaría ubicado apenas unos pocos centímetros posteriormente al centro (Fig.28), como lo poseen *Prosaurolophus*, *Telmatosaurus*, *Maiasaura*, *Hadrosaurus*, *Edmontosaurus*, *Saurolophus*, *Corythosaurus*, *Brachylophosaurus*, *Gryposaurus*, *Hypacrosaurus*, *Parasaurolophus*, *Lambeosaurus* y *Eolambia* (Horner *et al.*, 2004). Como se observa en todos los hadrosáuridos, según Hai-lu *et al.* (2003, carácter 13), el proceso dorsal del maxilar está por debajo del borde ventral del lagrimal.

El yugal reconstruido de *Corsolinisaurus rionegrensis*, posee una longitud anteroposterior estimada en 22,1 cm, y una altura máxima estimada en 11,7 cm, como se ve en la figura 29.

La superficie anterior del lagrimal contactaría con el proceso posteroventral del premaxilar, como se muestra en la figura 32. Además, el lagrimal está fusionado al prefrontal en su parte anteroventral, y contacta con el nasal en su parte anterodorsal.

Los tres fragmentos del dentario izquierdo que se hallaron, poseen en total 35 alveolos dentales, y cada uno de ellos unos 0,70 cm de longitud, y la zona del dentario donde se hallan los dientes posee alrededor de 26 cm de longitud. Entonces se podría inferir que el dentario tendría alrededor de unas 37 exposiciones de dientes por cada hemimandíbula. El diastema mandibular se halla en la parte anterior del dentario como en todos los hadrosaurios, y pareciera ser extremadamente largo, con más de la mitad de la longitud de la hilera dental. De ser esto así, esta condición sería muy diferente de la hallada en todos los demás hadrosáuridos estudiados hasta la fecha, según la bibliografía citada. Esto coincidiría con la postura de Gates y Sampson, según la cual, en la ontogenia de los hadrosáuridos, el dentario parece haber sufrido un cambio substancial, incluyendo un incremento mayor en su robustez y una alteración de la superficie dorsal del diastema (Gates and Sampson, 2007).

Además, el dentario poseería la hilera dental con una forma recta en vista oclusal, como se muestra en la figura 21. El proceso coronoides posee en su parte interior una hendidura bien definida donde se apoya el surangular; de esta manera se puede inferir que el proceso coronoides estaría formado principalmente por el dentario y en parte por el surangular, el cual se encontraría reducido en el margen posterior sin alcanzar el ápice del mismo.

En base a todo lo analizado hasta ahora sobre la anatomía ósea del cráneo, y en referencia al conocimiento general de los hadrosáuridos, se podría emprender una comparación entre dicho ejemplar y otros hadrosáuridos ya estudiados (Fig.49).

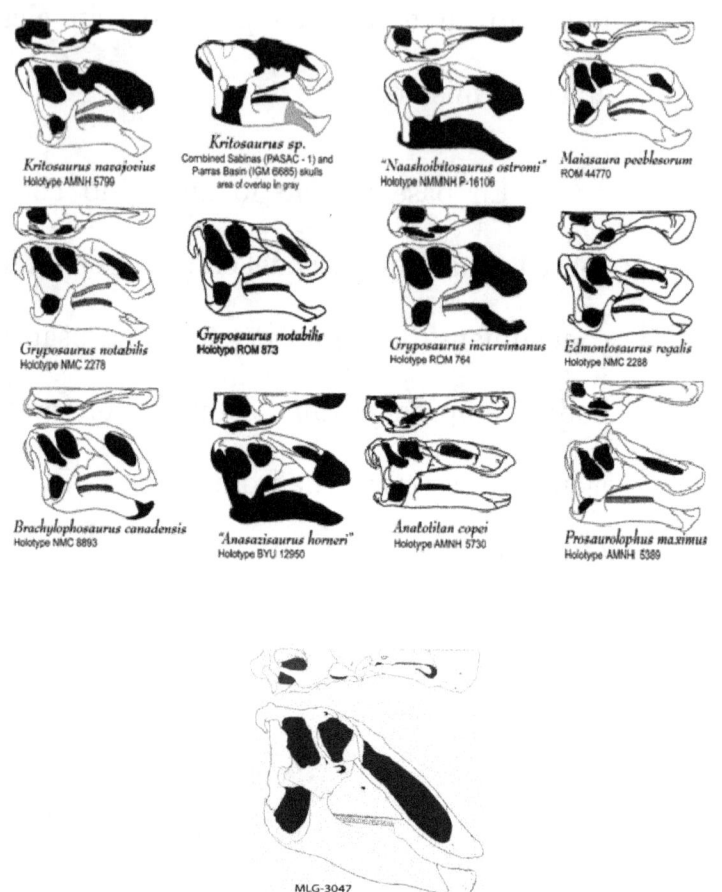

Fig. 49. Comparación de varios hadrosaurinae con el ejemplar estudiado *Corsolinisaurus* rionegrensis.

La figura 50 muestra una representación imaginativa de cómo podría haber sido la cabeza del ejemplar *Corsolinisaurus rionegrensis*.

Fig. 50. Dibujo de la cabeza de *Corsolinisaurus rionegrensis*

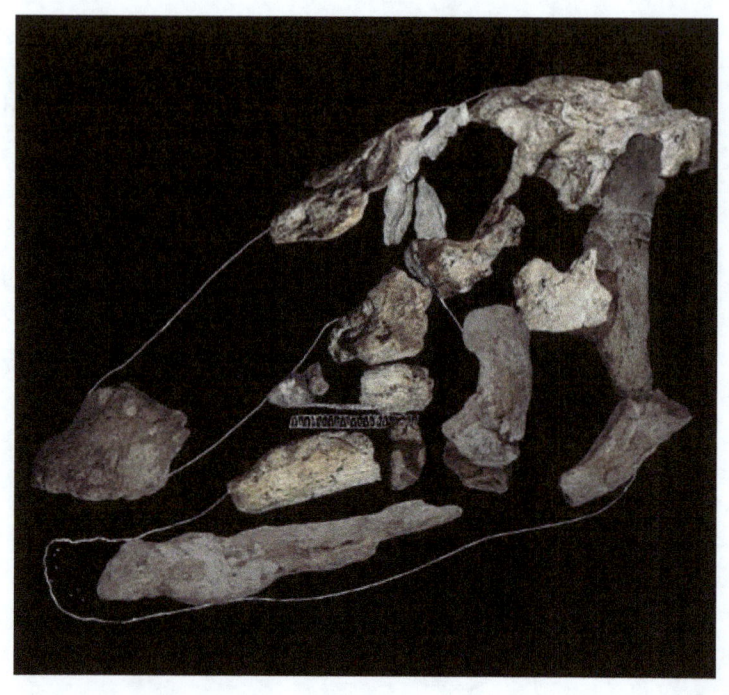

Fig. 50.1 reconstrucción del cráneo de *Corsoliniauriua rionegrensis*

La anatomía craneana de los hadrosáuridos sudamericanos es conocida a partir de unos pocos ejemplares y mediante restos muy fragmentarios. El hadrosáurido procedente de la Formación Los Alamitos, descripto por Bonaparte *et al.* (1984) como *Kritosaurus australis* y recientemente sinonimizado como *Secernosaurus koernerii* por Prieto-Márquez y Salinas (2010), muestra gran parte de la información craneana, y a partir de varios ejemplares se preservaron, fragmentos de batería dentaria, el basioccipital parcialmente fragmentado, el basiesfenoides, el prefrontal derecho, el postorbital izquierdo, fragmento del basicráneo, frontal y postorbital, fragmento del predentario, y la región anterior del dentario y el maxilar derecho, todos estos elementos óseos de distintos especímenes.

El dentario de *Secernosaurus koernerii* es conocido por tres especímenes. El sector anterior del dentario que no posee dentición, es muy corto, equivalente entre el 10 y el 15% del largo de la batería dentaria. Esta posee cuatro dientes por cada alveolo. La corona dental posee una simple cresta, está fuertemente marcada y ocupa la zona medial. Además, posee una relación longitud/ancho de 2.8. El diastema mandibular es casi vertical y el proceso coronoides es alto y marcadamente inclinado en sentido anterior, con su extremo distal expandido anteriormente como lo es en *Prosaurolophus, Maiasaura, Edmontosaurus, Saurolophus,*

Corythosaurus, Brachylophosaurus, Gryposaurus, Hypacrosaurus, Parasaurolophus y *Lambeosaurus* (Coria, 2009) (Fig.51).

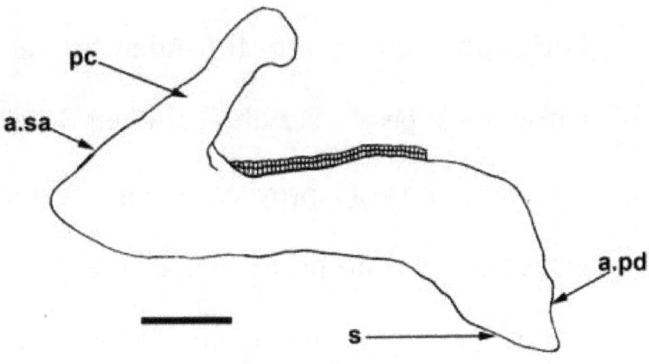

Fig. 51. Vista lateral del dentario de *Secernosaurus koernerii*, tomado de Coria, 2009. Escala 10 cm.

Corsolinisaurus rionegrensis, el sector anterior del dentario posee una superficie mayor que la del ejemplar anteriormente nombrado, con tres dientes funcionales por alveolo y una corona alargada y lanceolada con una sola carena primaria en la cara labial y con una relación longitud/ancho 2,5. Por otra parte, el diastema mandibular es más horizontal que vertical. Además, el proceso coronoides, pese a ser alto como en *Secernosaurus koernerii*, no está proyectado anteriormente, y su extremo distal no posee una gran expansión como se muestra en la comparación de los dentarios en la Fig.57.

El maxilar de *Secernosaurus koernerii* es conocido por un solo ejemplar. Como es típico de los hadrosáuridos, es de forma triangular y comprimido. La región anterior de la articulación maxilar-yugal es muy profunda, una condición compartida con *Gryposaurus* (Prieto-Marquez y Salinas, 2010). Así mismo, adyacente a ésta, hay un gran foramen elíptico. La región anteroventral está escalonada ventralmente y forma un ángulo mayor que 40° con respecto a la batería dentaria. La cresta ectopterigoidea posee entre 40 y 45% del largo del maxilar. La batería dentaria tiene un mínimo de 40 dientes (Fig.52).

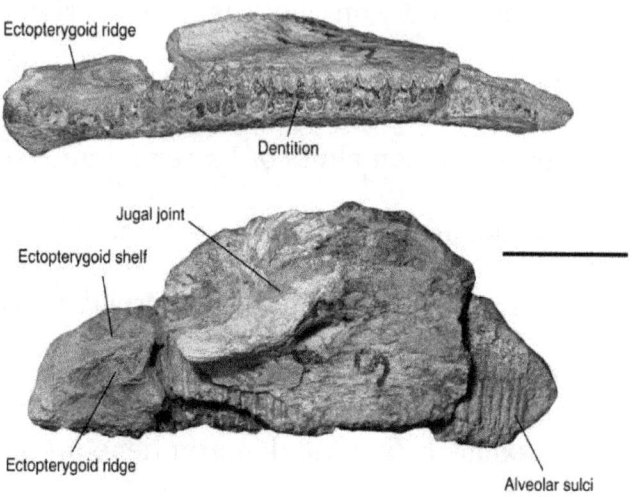

Fig. 52. Maxilar derecho de *Secernosaurus koernerii* en vista medial y lateral. Escala 5 cm. Tomado de Prieto-Marquez y Salinas, 2010.

A su vez, el maxilar de *Corsolinisaurus rionegrensis* posee también una forma triangular en vista lateral. En la región central del mismo, se halla un foramen elíptico, y la región anteroventral forma un ángulo casi de 45° con respecto a la batería dentaria, al igual que en *Secernosaurus koernerii* y otros hadrosáuridos como *Gryposaurus*. A diferencia del *Secernosaurus koernerii,* la cresta ectopterigoidea de *Corsolinisaurus r*ionegrensis, tiene menos de un tercio del largo del maxilar, y la batería dentaria posee alrededor de 30 dientes.

En el yugal de *Secernosaurus koernerii,* sólo de conservó el proceso anterior, el cual es triangular, rodeado por una cresta puntiaguda, y el margen orbital es de forma amplia (Fig.53A). En cambio, en *Corsolinisaurus r*ionegrensis se pudo realizar una reconstrucción completa del yugal, donde se observa que el proceso anterior es de forma cuadrangular y está expandido dorsoventralmente formando una larga y suave curva sigmoidal. El margen orbital forma un ángulo aproximadamente de 135° (Fig.53B).

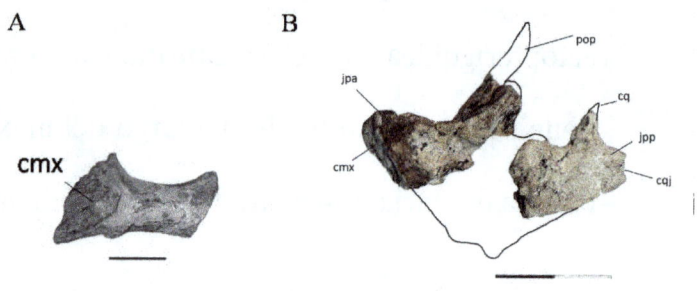

Fig. 53. Comparación de procesos yugales. A. Proceso anterior del yugal de *Secernosaurus koernerii*. Escala 2,5 cm. B. Yugal de *Corsolinisaurus rionegrensis*, donde se observa el proceso anterior. Escala 5 cm.

El prefrontal de *Secernosaurus koernerii* posee una superficie dorsal levemente cóncava y se curva anteroventralmente. El postorbital posee una región anteroposterior central más ancha que en la mayoría de otros hadrosáuridos, como por ejemplo *Gryposaurus* spp., *Brachylophosaurus canadensis*, *Prosaurolophus maximus*, *Saurolophus* spp., y los lambeosaurines (Prieto-Marquez y Salinas, 2010). El margen anterior, formado por el borde posterior de la órbita, es casi vertical.

En *Corsolinisaurus rionegrensis*, el frontal se interpone entre el prefrontal y el postorbital, a diferencia de *Secernosaurus koernerii*, en el que existe un contacto aparente entre prefrontal y postorbital, que cierra el borde dorsal de la órbita

(Fig.54). El mismo fenómeno se ha descripto para dinosaurios terópodos, utilizando la participación o no del frontal en el margen orbital (Coria, 2009).

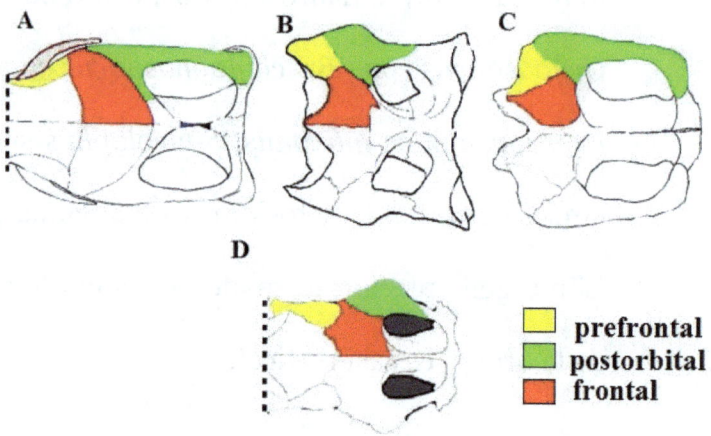

Fig. 54. Comparación entre diferentes cráneos de Ornithopoda. A) *Iguanodon*, B) *Jaxartosaurus*, C) *Secersosaurus koernerii*. (modificado de Coria, 2009) y D) *Corsolinisaurus* rionegrensis.

Por otra parte, *Willinakaqe salitralensis* está descripto como una especie nueva de Hadrosauridae por Juárez Valieri *et al.* (2010). De esta especie se han hallado muy pocos restos craneales, entre ellos un premaxilar casi completo, los maxilares de un adulto y de un subadulto, y dentarios completos de tamaños variables.

El premaxilar del *Willinakaqe salitralensis* muestra unos dentículos mal preservados y una ligera ranura que los separa. Los márgenes orales y laterales son redondeados y transversalmente expandidos, poseyendo dos forámenes en la región rostral de la superficie dorsal.

Por otro lado, el premaxilar de *Corsolinisaurus rionegrensis* es muy robusto, posee dentículos suavemente marcados en el margen oral y sin una ranura que los separe. Sin embargo, dada la falta de buena preservación de dentículos en *W. salitralensis* (Juárez Valieri *et al.*, 2010), no sería posible afirmar con exactitud una similitud entre ambos especímenes. Los márgenes orales y laterales forman un arco amplio en sentido transversal y se constriñen abruptamente por detrás del margen oral. Además, tales márgenes poseen varios forámenes en la misma región. (Fig.55).

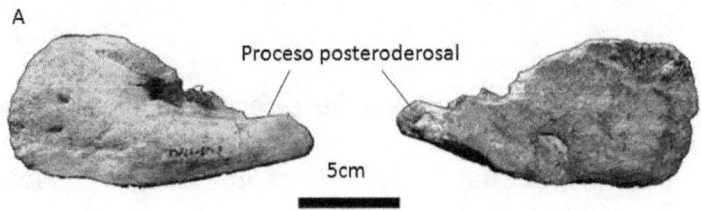

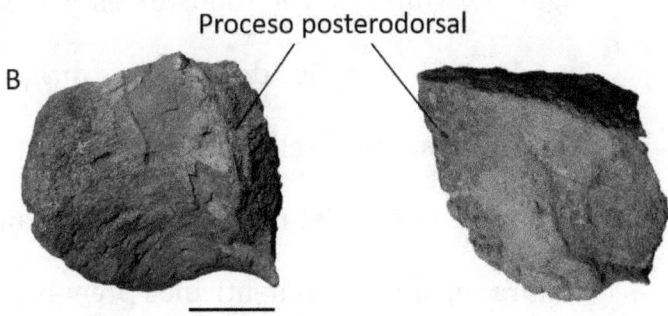

Fig 55. A. Premaxilar de Willinakaqe salitralensis. Tomado de Juárez Valieri *et al*, 2010. - B. Fragmento de premaxilar de *Corsolinisaurus* rionegrensis. Vista lateral. Escala 5 cm.

En síntesis, las diferencias más notables en el premaxilar de *Corsolinisaurus r*ionegrensis respecto del hallado en *W. salitralensis*, son las siguientes: una mayor robustez en su región oral, un ángulo pronunciado que se dirige hacia el proceso posterodorsal, más de dos forámenes en la superficie dorsal del mismo margen, y ausencia de ranura separando los dentículos premaxilares.

El maxilar de *Willinakaqe salitralensis* está rostrocaudalmente alargado, y su proceso dorsal está ligeramente elevado, lo cual contrasta con la condición derivada de Lambeosaurinae, en la que dicho proceso está dorsoventralmente bien desarrollado (Juárez Valieri *et al.*, 2010). En vista lateral, un foramen maxilar se encuentra debajo de la base del proceso dorsal, y un segundo foramen se observa más en sentido caudal, con una orientación ventral.

Asimismo, en el maxilar de *Corsolinisaurus rionegrensis*, el proceso dorsal estaría poco desarrollado anteriormente y sin sobrepasar las narinas externas. Se encuentra un foramen de gran tamaño en la base del proceso dorsal y otros forámenes más pequeños dispersos en la región dorsal.

De esta manera, se puede observar que el maxilar, posee varias diferencias con el de

Willinakaqe salitralensis, más que nada en su robustez y en los procesos dorsal y ventral. Con respecto a los forámenes nutricios, no se podría hacer una comparación entre ambos especímenes, ya que en *Corsolinisaurus* r*ionegrensis* no se conservaron (Fig.56).

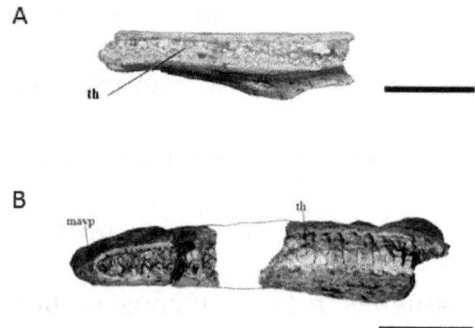

Fig. 56. Comparación entre maxilares. A. Fragmento de maxilar de *Willinakaqe salitralensis*. Escala 5 cm. B. Maxilar de *Corsolinisaurus* r*ionegrensis*. Escala 10 cm.

En el dentario de *Willinakaqe salitralensis*, la región rostral carece de una sínfisis alargada, y muestra un corto diastema como se presenta en hadrosáuridos basales y algunos Saurolophinae y Lambeosaurinae (Juárez Valieri *et al*, 2010). En vista lateral, la superficie ventral del dentario es débilmente cóncava. La faceta del predentario es casi vertical en vista lateral. El proceso coronoides es subvertical, con una expansión rostrocaudal en su extremo distal, como es habitual en Saurolophinae y algunos Lambeosaurinae (Horner *et al.*, 2004).

El dentario del hadrosáurido *Corsolinisaurus rionegrensis*, posee la faceta del dentario corta. El proceso coronoides es vertical, con una expansión rostrocaudal en su ápice, no muy pronunciada. Estas características lo diferencian del *W. salitralensis* (Fig.57).

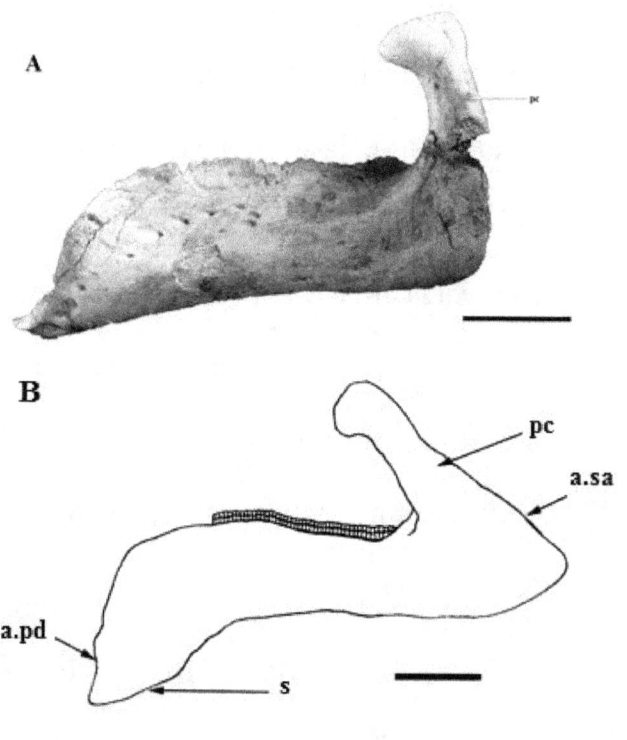

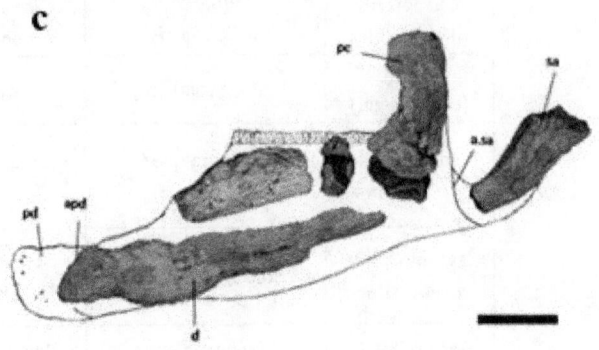

Fig. 57. Comparación de dentarios. A. Dentario del *Willinakaqe salitralensis*, tomado de Juárez Valieri *et al.*, 2010. Escala 5 cm. B. Dentario de *Secernosaurus koernerii*, tomado de Coria, 2009. Escala 10 cm. C. Dentario de *Corsolinisaurus* rionegrensis. Escala 10 cm.

Caracteres diferenciales	*Willinakaqe salitralensis*	*Corsolinisaurus rionegrensis*
Premaxilar (región oral)	Poco robusto	Muy robusto
Dentículos del premaxilar	Con ranura que los separa	Sin ranura que los separa
Región oral del premaxilar	Sólo 2 forámenes	Más de dos forámenes
Maxilar	Menor robustez	Mayor robustez
Proceso posterodorsal	Angulo poco pronunciado	Angulo muy pronunciado
Proceso dorsal	Ligeramente elevado	Poco desarrollado anteriormente y sin sobrepasar las narinas externas
Diastema del dentario	Corto	Largo
Proceso coronoides	Subvertical	Vertical, sin proyección rostral
Extremo distal del proceso coronoides	Con una gran expansión	Muy poca expansión
Faceta del dentario	En punta y dirigida dorsalmente	Redondeada y dirigida rostralmente

Caracteres diferenciales	*Secernosaurus koernerii*	*Corsolinisaurus rionegrensis*
Sector anterior del dentario	Poca superficie	Mayor superficie
Dientes funcionales por alveolo	4	3
Relación longitud/ancho de corona dental	2,8	2,5
Diastema mandibular	Más vertical	Más horizontal
Cresta ectopterigoidea	Casi la mitad del largo del maxilar	Menor de un tercio del largo del maxilar
Frontal	No se interpone entre el prefrontal y el postorbital	Se interpone entre el prefrontal y el postorbital
Proceso coronoides	Proyectado anteriormente	Vertical, sin proyección rostral
Extremo distal del proceso coronoides	Con una gran expansión	Muy poca expansión
Faceta del dentario	En punta y dirigida ventralmente	Redondeada y dirigida rostralmente

Existen diferencias craneales notables entre el *Corsolinisaurus rionegrensis* y las dos especies de hadrosáuridos sudamericanos *Secernosaurus koernirii* y *Willinakaqe salitralensis*. Los siguientes cuadros comparativos muestran las diferencias más relevantes entre los ejemplares (Cuadro n°1) y (Cuadro n° 2):

Todas estas diferencias sugieren que el ejemplar estudiado es un nuevo género y especie de Hadrosauridae.

El cladograma siguiente fue realizado con en software TNT Filogenia, donde se observa que la nueva especie *Corsolinisaurus rionegrensis* se encuentra evolutivamente en un clado más primitivo que los Hadrosáuridos Sudamericanos, lo que esto sugiere que quizás fue uno de los primeros grupos que migraron desde hemisferio norte hacia el hemisferio sur. De esta manera podríamos suponer que *Corsolinisaurus rionegrensis* es un ancestro en común a todos los Hadrosáuridos sudamericanos. De todos modos, el status filogenético de los pocos hadrosáuridos sudamericanos conocidos, se encuentra aún no resuelto por la falta de datos y los pocos ejemplares no sólo hallados, sino estudiados hasta el momento. Esperamos que el presente estudio aporte una contribución significativa a estas cuestiones taxonómicas.

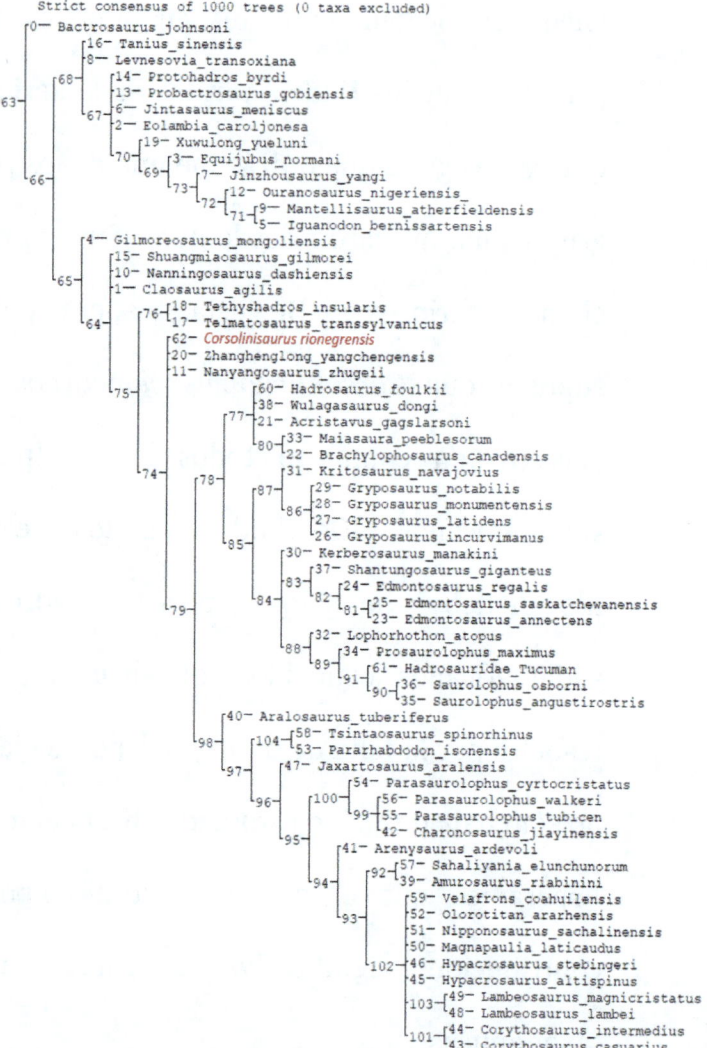

6.- Fotografías de los restos craneales de *Corsolinisaurus rionegrensis*

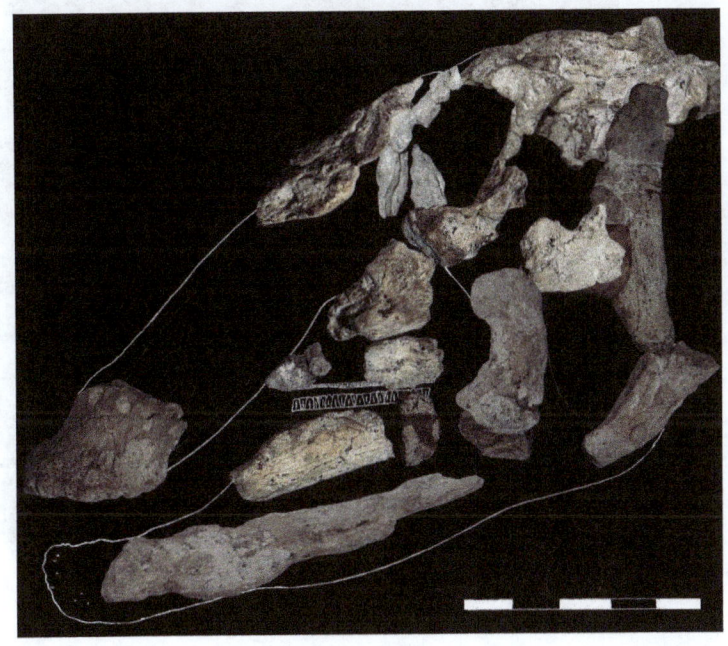

Neurocráneo

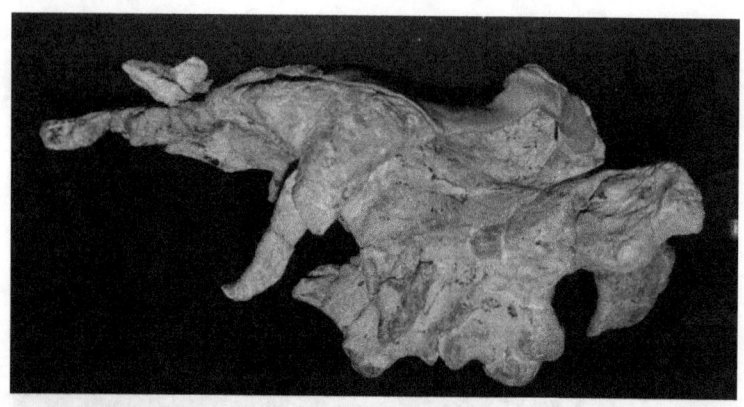

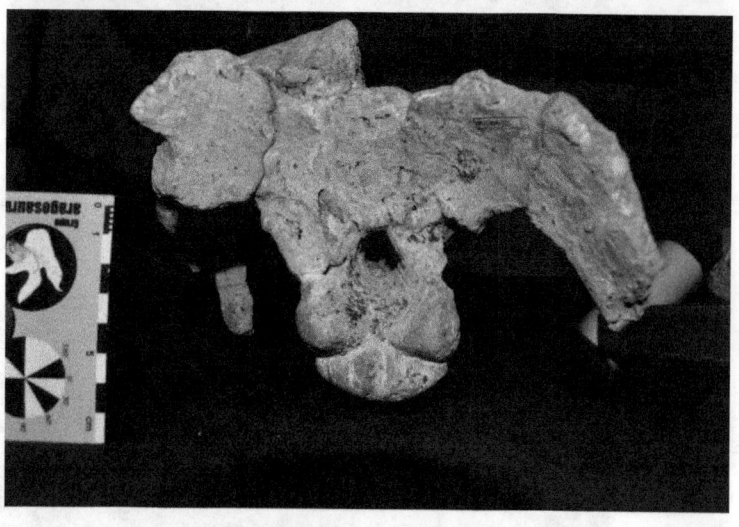

7.- Fotografías de los restos postcraneales de Corsolinisaurus rionegrensis

Cintura Pélvica

Sacro

Ilion

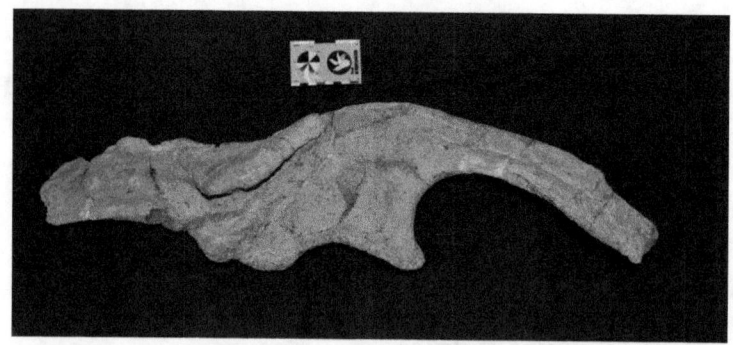

Isquion

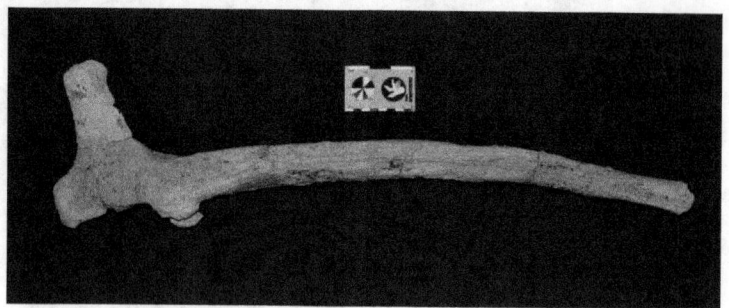

Pubis

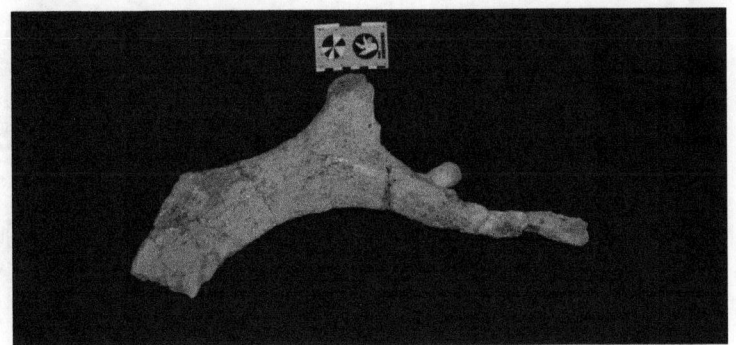

Costillas

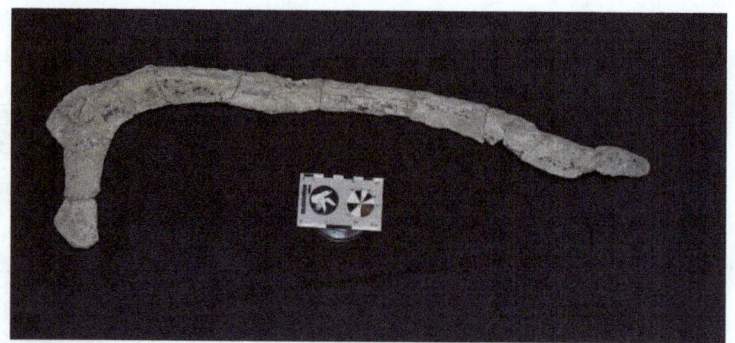

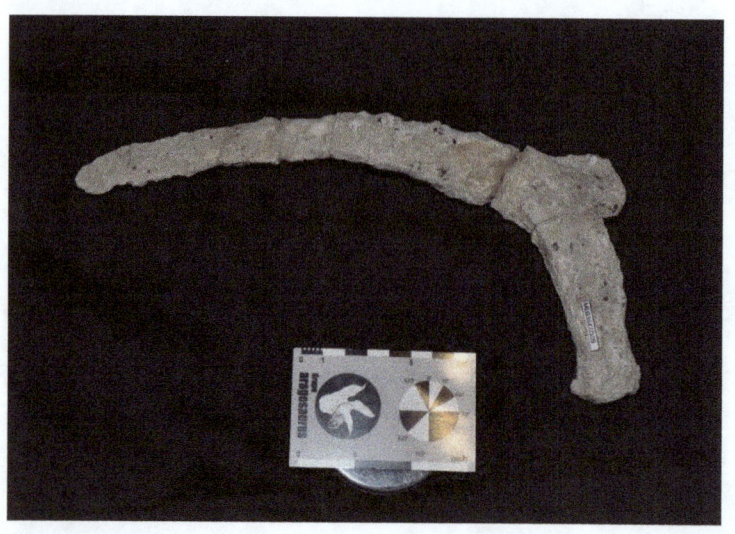

Cintura Escapular

Coracoides

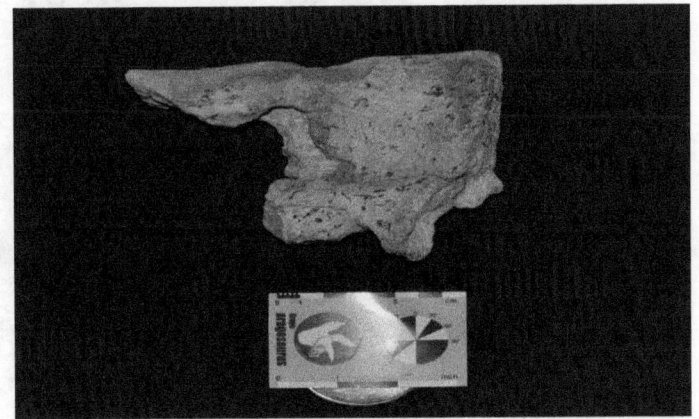

Clavícula

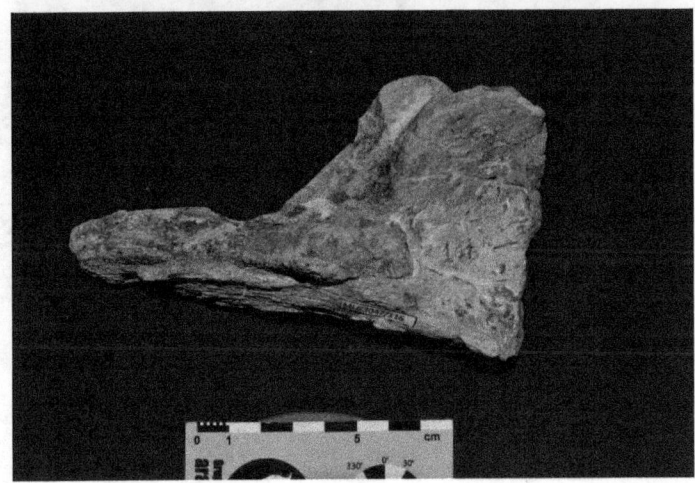

Vértebras

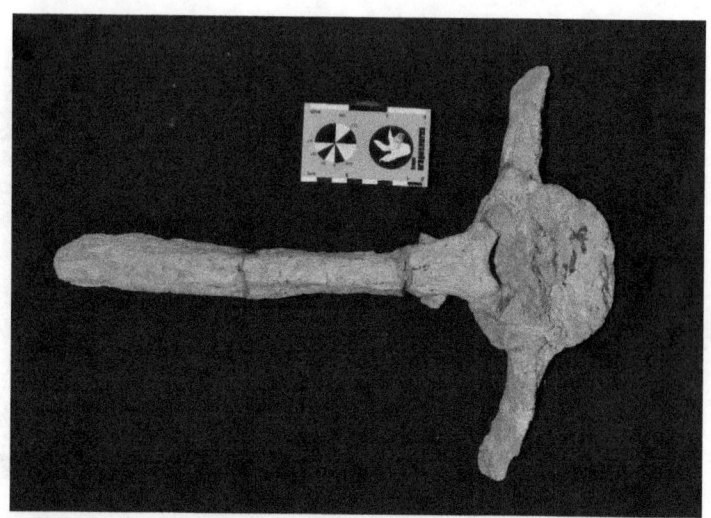

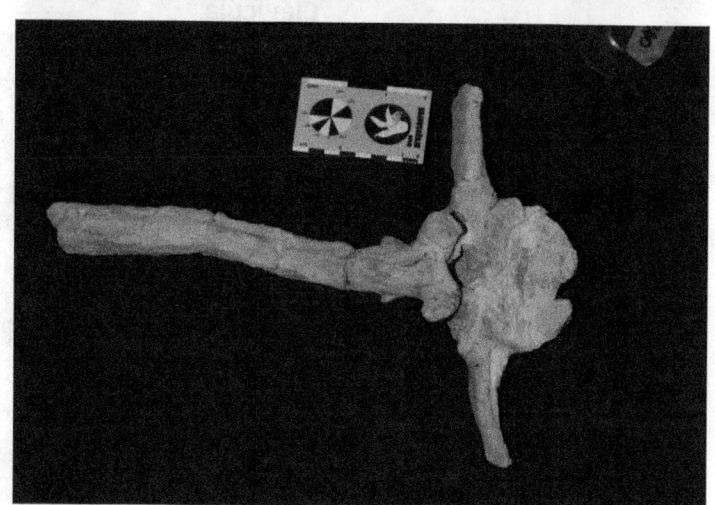

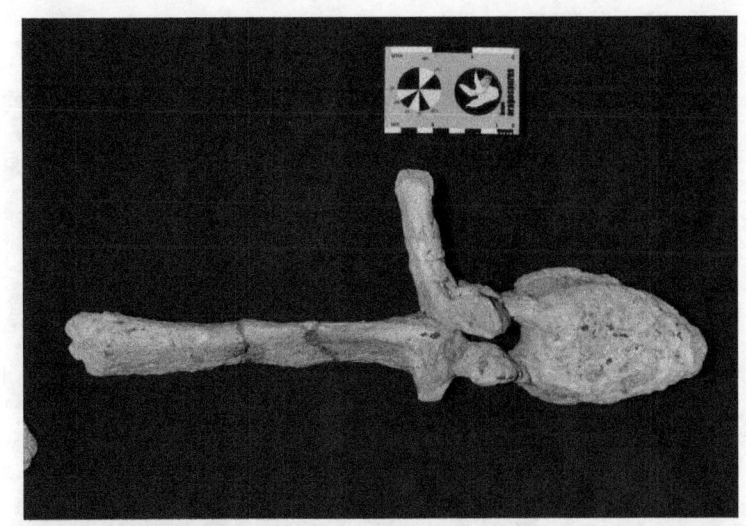
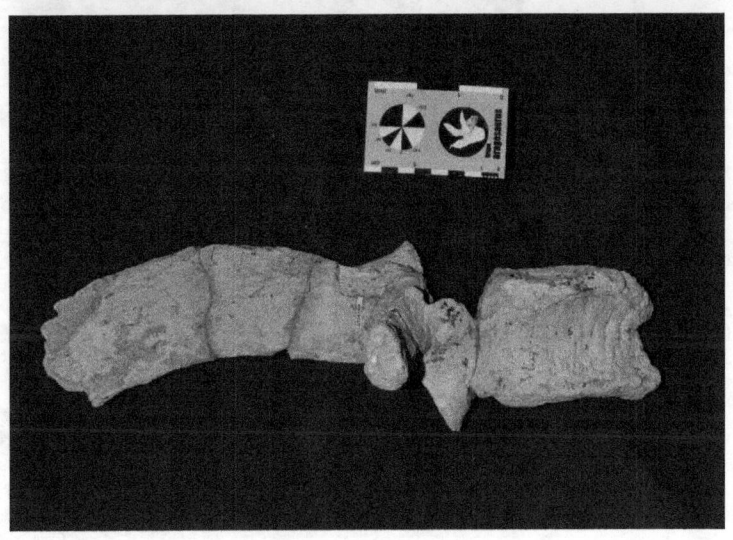

Arco Hemal

Fémures

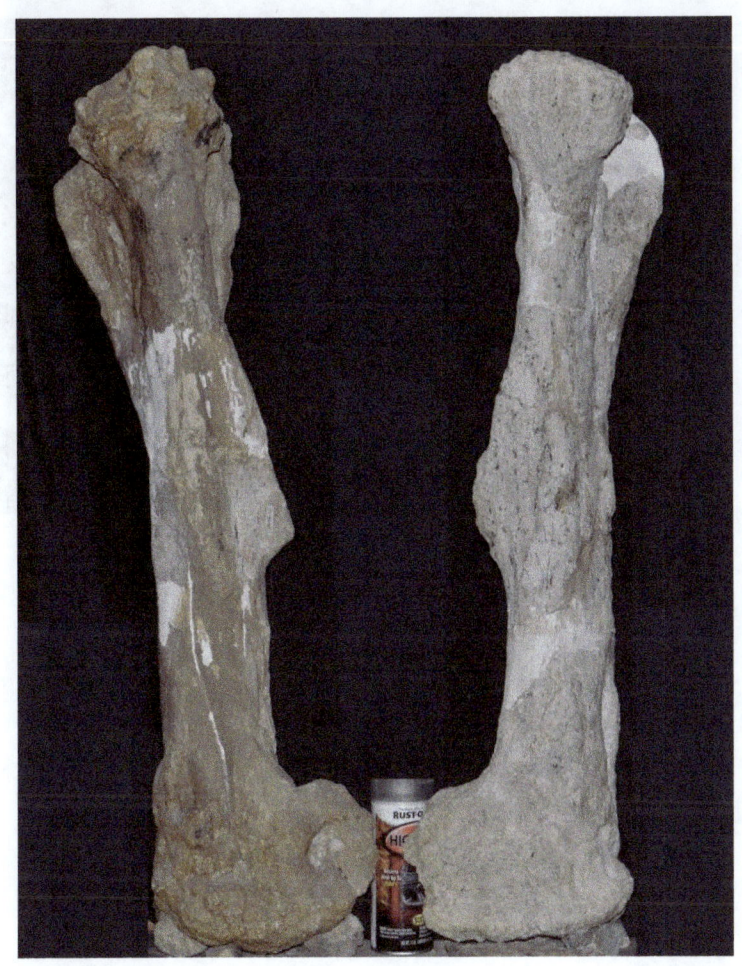

Astrágalo

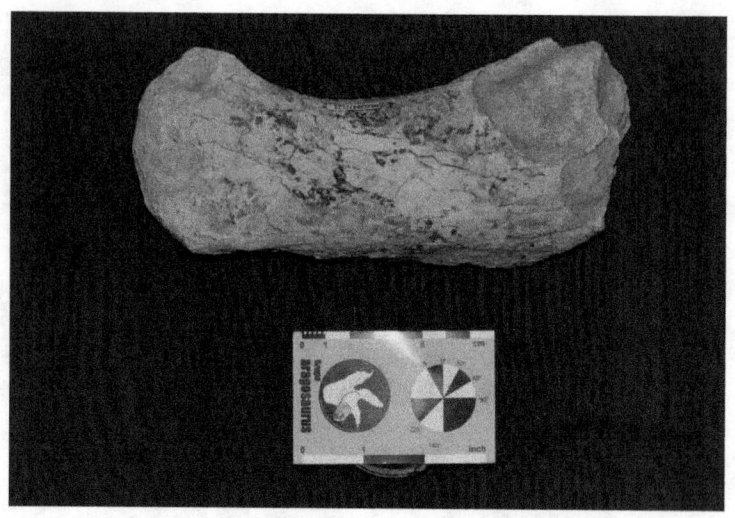

8.- Bibliografía

ANDREIS, R.R. 1998. Sistemas fluviales entrelazados neocretácicos en la Patagonia septentrional: facies, ciclicidad y paleocorrientes. *Resúmenes de la 7ª Reunión Argentina de Sedimentología*: 99–101.

ANDREIS, R.R; ANCIBOR, E; ARCHANGELSKY, S; ARTABE, A; BONAPARTE, J.F; GENISE, J. 1991. Asociación de vegetales y animales en estratos del Cretácico tardío del Norte de la Patagonia. *Reunión de comunicaciones de Paleobotánica y Palinología. Ameghiniana*, 28(1–2): 201–204. Buenos Aires.

APESTEGUIA, S, ARES, R. 2010. Vida en Evolución. La Historia Natural vista desde Sudamérica. *Vázquez Mazzini Editores.*, 382 p.

BONAPARTE, J.F; FRANCHI, M.R; POWELL, J.E; SEPULVEDA, E.G. 1984. LaFormacion los Alamitos (Campaniano-Maastrichtiano) del Sudeste de Rio Negro, condescripción de *Kritosaurus australis* n.sp. (Hadrosauridae). Significado Paleogeografico de losVertebrados. *Revista de la Asociación Geológica Argentina*, 39(3-4): 284-289.

BONAPARTE, J.F. 1991. Los vertebrados fósiles de la Formación Río Colorado, de la ciudad de Neuquén y cercanías, Cretácico superior, Argentina. *Revista del Museo Argentino de Ciencias Naturales*

"Bernardino Rivadavia" (Sección Paleontología), 4(3): 15-123. Buenos Aires.

BRETT-SURMAN, M.K. 1979. Phylogeny and Paleobiogeography of Hadrosaurian Dinosaurs..*Nature*, 277(5697): 560-562. (PDF available from the author.)

BROWN, B. 1908. The *Trachodon* group. *The American Museum Journal*, 3(4): P.50-56.

BROWN, B. 1916a. A new trachodont dinosaur, *Prosaurolophus maximus*. *American Museum Natural History Bulletin*, 35: 701-708.BROWN, B. 1916b. *Corythosaurus casuarius*: skeleton, musculature, and epidermis. *American Museum Natural History Bulletin*, 35: 709-716.

CASAMIQUELA, R.M. 1964. Sobre Un dinosaurio hadrosáurido De La Argentina. *Ameghiniana*, 3(9): 285-308.

CASAMIQUELA, R.M. 1974. El bipedismo de los megaterioideos. Estudio de pisadas fósiles en la Formación Río Negro típica. *Ameghiniana*, 11 (3): 249-282.

CASAMIQUELA, R. M. 1978. La zona litoral de la transgresión Maastrichtense en el norte de la Patagonia. Aspectos ecológicos. *Ameghiniana*, 15 (1-2): 137-147.

CASE, J.A; MARTIN, J.E, CHANEY, D.S; REGUERO, M; MARENSSI, S.A; Santillana SM, Woodburne MO. 2000. The first duck-billed dinosaur (family Hadrosauridae) from Antarctica. *Journal of Vertebrate Paleontology*, 20: 612–614.

COPE, E.D. 1869a. Remarks on *Holops brevispinus, Ornithotarsus immanis*, and *Macrosaurus proriger. Proceedings Academy of Natural Science*, 21: 123.

COPE, E.D. 1869b. Remarks on *Esschrichtius polyporus, Hypsibema crassicauda, Camptosaurus tripos*, and *Polydectes biturgidus. Proceedings Academy of Natural Science*, 21: 192.

CORIA, R.A. 2009. Osteología, filogenia y evolución de los Hadrosauridae (Dinosauria: Ornithischia, Ornithopoda) de la Patagonia, Argentina.

Universidad Nacional de Luján. Tesis Doctoral. 421 p.

CORIA, R.A. 2010. Phylogeny and paleobiogeography of hadrosaurid dinosaurs from Argentina. In X *Congreso Argentino de Paleontología y Bioestratigrafía,* VII Congreso Latinoamericano de Paleontología, La Plata, Argentina, September 2010: 149-150.

CORIA, R.A. 2012. South American hadrosaurids. The gentle geodispersal. *Actas de las 5ᵃˢ Jornadas Internacionales sobre Paleontología de Dinosaurios y su Entorno, Salas de los Infantes:* Burgos. 31-39.

CURRIE, P.J; SARGEANT, W.A.S. 1997. Lower Cretaceous dinosaur footprints from the Peace

River Canyon, British Columbia, Canada. *Palaeogeography, Palaeoclimatology, Palaeoecology*, 28: 103-115.

DEL FUEYO, G.M. 1998. Coniferous woods from the Upper Cretceous of Patagonia, Argentina. *Revista Española de Paleontología*, 13(1): 43–50. Madrid.

GALTON, P.M. 1970. The Posture of Hadrosaurian Dinosaurs. *Journal of Paleontology*, 44(3): 464-473.

GATES, T.A; SAMPSON, S.D. 2007. A new species of *Gryposaurus* (Dinosauria: Hadrosauridae) from the Late Campanian Kaiparowits Formation, southern Utah, southern Utah, USA. *Zoological Journal of Linnean Society*, 151: 351-376.

GONZALES-RIGA, B; CASADIO, S. 2000. Primer registro de Dinosauria (Ornithischia, Hadrosauridae) en la provincia de La Pampa (Argentina) y sus implicancias paleobiogeograficas. *Ameghiniana,* 37(3): 341-351.

HAI-LU, Y; LUO, Z; SHUBIN, N.H; WITMER, L.W; Tang, Z; Fang, T. 2003: The earliest known duck-billed dinosaur from deposits of the late Early Cretaceous age in northwestern China and hadrosaurs evolution. *Cretaceous Research,* 24: 347-355.

HORNER, J.R. 1983. Cranial Osteology and morphology of the type specimen of

Maiasaura peeblesorum (Ornithischia: Hadrosauridae) with a discussion of its phylogenetic position. *Journal of Vertebrate Paleontology*, 3(1): 29-38.

HORNER, J.R. 1992. Cranial morphology of *Prosaurolophus* (Ornithischia: Hadrosauridae) with description of two new Hadrosaurid species and an evaluation of Hadrosaurid phylogenetic relationships. *Museum of the Rockies, Occasional Paper n°2*.

HORNER, J.R; WEISHAMPEL, D.B; FORSTER, C.A. 2004. Hadrosauridae. In: Weishampel, D.B; Dodson, P.D; Osmolska, H; (eds.). The Dinosauria. 2ed. University of California Press. p. Berkeley, Calif. P.438-463.

HUGO, C.A; LEANZA, H.A. 2001. Hoja Geológica 3966-III, Villa Regina, Provincia de Río Negro. *Instituto de Geología y Recursos Naturales, SEGEMAR, Boletín* 309: 1-53.

JUAREZ VALIERI, R.D; HARO, J.A; FIORELLI, L.E; CALVO, J.O. 2010: A new hadrosauroid (Dinosauria: Ornithopoda) from the Allen Formation (Late Cretaceous) of Patagonia, Argentina. *Revista del Museo Argentino de Ciencias Naturales*, n.s.12 (2): 217-231.

KIRKLAND, J.I; HERNÁNDEZ-RIVERA, R; GATES, T;, PAUL, G.S; NESBITT, S; SERRANO-BRAÑAS, C.I; GARCIA - DE LA GARZA, J.P. 2006. Large hadrosaurine dinosaurs from the lasted Campanian of Coahuila, México. Late Cretaceous vertebrates from the western interior New México. *Museum of Natural History and Science Bulletin,* 35: 299-315.

LAMBE, L.M. 1920. The hadrosaur *Edmontosaurus* from the Upper Cretaceous of Alberta, Canada. *Department of Mines, Geological Survey Memoirs,* 120: 1-79.

LULL, R.S; WRIGHT, N.E. 1942. Hadrosaurian dinosaurs of North America. *Geological Society of America Special Papers,* 40: 1-242.

NAÑEZ, C. 1999. Informe micropaleontológico sobre muestras de la Hoja 3966–III, Villa Regina. *Servicio Geológico Minero Argentino. SEGEMAR,* inédito. Buenos Aires.

McGOWAN, C. 1993. Dinosaurios y dragones de mar. Drakantos.. Barcelona. 362 p.

MORRIS, W.J. 1981. A new species of hadrosaurian dinosaur from the Upper Cretaceous of Baja California,? *Lambeosaurus laticaudus*. *Journal of Paleontology*, 55(2): 453-462.

POWELL, J. E. 1986. Revisión de los titanosáuridos de América del Sur. *Tesis doctoral, Facultad de Ciencias Naturales, Universidad Nacional de Tucumán*, inédito. San Miguel de Tucumán.

POWELL, J.E. 1987. Hallazgo de un dinosaurio hadrosáurido (Ornithischia, Ornithopoda) en la Formación Allen (Cretácico Superior) de Salitral Moreno, Provincia de Rio Negro, Argentina. *10° Congreso Geológico Argentino, San Miguel de*

Tucumán, San Miguel de Tucumán, Actas 3: 149-152.

PRIETO-MÁRQUEZ, A 2005. New information on the cranium of *Brachylophosaurus canadensis* (Dinosauria, Hadrosauridae) with a revision of its phylogenetic position. *Journal of Vertebrate Paleontology*, 25(1): 144-156.

PRIETO-MÁRQUEZ, A; SALINAS, G. 2010: A reevaluation of *Secernosaurus koerneri* and *Kritosaurus australis* (Dinosauria, Hadrosauridae) from the Late Cretaceous of Argentina. *Journal of Vertebrate Paleontology*, 30, 3: 813-837.

SALGADO, L; R. A. CORIA 1993. El género *Aelosaurus* (Sauropoda, Titanosauridae) en la

Formación Allen (Campaniano−Maastrichtiano) de la Provincia de Río Negro, Argentina. *Ameghiniana*, 30 (2): 119−128. Buenos Aires.

WEISHAMPEL, D.B. 2004. Ornithischia. In: Weishampel, D.B., P. Dodson y H. Osmólska, eds. The Dinosauria. *University of California Press*. p. pp. 323-324.

WICHMANN, R. 1927. Sobre la facie lacustre senoniana de los estratos con dinosaurios y su fauna. *Academia Nacional de Ciencias. Córdoba, Boletín* 30: 383−405. Córdoba.

www.ingramcontent.com/pod-product-compliance
Lightning Source LLC
Chambersburg PA
CBHW050208230526
45470CB00001B/290